DÉVELOPPEMENTS

DE

GÉOMÉTRIE DESCRIPTIVE

SUIVIS DE

NOTES DE GÉOMÉTRIE SUPÉRIEURE.

Ⓒ

PARIS. — IMPRIMÉ PAR E. THUNOT ET Cⁱᵉ.
Rue Racine, 26.

DÉVELOPPEMENTS

DE

GÉOMÉTRIE DESCRIPTIVE

Par M. THÉODORE OLIVIER,

ANCIEN ÉLÈVE DE L'ÉCOLE POLYTECHNIQUE ET ANCIEN OFFICIER D'ARTILLERIE; DOCTEUR ÈS SCIENCES DE LA FACULTÉ DE PARIS;
PROFESSEUR DE GÉOMÉTRIE DESCRIPTIVE AU CONSERVATOIRE ROYAL DES ARTS ET MÉTIERS;
PROFESSEUR-FONDATEUR DE L'ÉCOLE CENTRALE DES ARTS ET MANUFACTURES; RÉPÉTITEUR A L'ÉCOLE POLYTECHNIQUE;
MEMBRE DE LA SOCIÉTÉ PHILOMATIQUE DE PARIS ET DU COMITÉ DES ARTS MÉCANIQUES DE LA SOCIÉTÉ D'ENCOURAGEMENT POUR L'INDUSTRIE NATIONALE;
MEMBRE ÉTRANGER DES DEUX ACADÉMIES ROYALES DES SCIENCES ET DES SCIENCES MILITAIRES DE STOCKHOLM;
DES ACADÉMIES DE METZ, DIJON ET LYON;
CHEVALIER DE LA LÉGION D'HONNEUR ET DE L'ORDRE ROYAL DE L'ÉTOILE POLAIRE DE SUÈDE;

SUIVIS DE

NOTES

DE

GÉOMÉTRIE SUPÉRIEURE

PAR

M. J.-A. SERRET,

MEMBRE DE L'INSTITUT, PROFESSEUR A LA FACULTÉ DES SCIENCES.

PARIS

DUNOD, ÉDITEUR,

LIBRAIRE DES CORPS IMPÉRIAUX DES PONTS ET CHAUSSÉES ET DES MINES.
Quai des Augustins, 49.

1866

NOTES

DE

M. J. A. SERRET.

I

DE LA SPHÈRE TANGENTE

A QUATRE SPHÈRES DONNÉES.

I.

Soit

$$(x-a)^2 + (y-b)^2 + (z-c)^2 - r^2 = 0$$

l'équation d'une sphère, que je représenterai, aussi pour abréger, par $S = 0$.
J'appellerai avec M. Steiner *Puissance d'un point par rapport à une sphère*, le
carré de sa distance au centre moins le carré du rayon ; en sorte que S représente la puissance du point $(x,\ y,\ z)$ par rapport à la sphère dont $S = 0$
est l'équation. Je représenterai par p la puissance de l'origine, et l'on aura
toujours

$$a^2 + b^2 + c^2 - r^2 = p.$$

II.

Soient $S = 0$, $S' = 0$, les équations de deux sphères ; l'équation

$$S = S'$$

est celle d'un plan qu'on appelle *plan radical* des deux sphères ; ce plan est évidemment, d'après la définition précédente, le lieu géométrique des points d'égale
puissance par rapport aux deux sphères ; il est aussi le lieu géométrique des

points communs aux deux sphères lorsqu'elles se coupent, et dans tous les cas le lieu des points d'où l'on peut leur mener deux tangentes égales.

La position de ce plan par rapport aux deux sphères ne dépend évidemment pas des axes coordonnées; et comme en prenant pour axe des z la droite qui joint leurs centres, l'équation $S = S'$ se réduit à la forme $z = h$, on voit que le plan radical des deux sphères est perpendiculaire à la ligne des centres.

III.

Soient $S = 0$, $S' = 0$, $S'' = 0$, les équations de trois sphères; les plans radicaux de ces trois sphères, considérées deux à deux, auront pour équations

$$S = S', \quad S = S'', \quad S' = S''.$$

Ces trois plans se coupent suivant une même droite dont les équations sont

$$S = S' = S''$$

et qu'on appelle *axe radical* des trois sphères. Cet axe radical est le lieu des points d'égale puissance par rapport aux trois sphères; il est d'ailleurs évidemment perpendiculaire au plan de leurs centres.

Ce qui précède exige que les centres des trois sphères ne soient pas en ligne droite; car si cela était, les trois plans radicaux des sphères prises deux à deux seraient parallèles, et l'axe radical serait situé à l'infini, ou pour mieux dire n'existerait plus; néanmoins il pourrait arriver que ces trois plans coïncidassent, et dans ce cas les trois sphères auraient un plan radical au lieu d'un axe radical.

On peut aisément, à l'aide des principes de la géométrie descriptive, construire le plan radical de deux sphères et l'axe radical de trois sphères; mais je n'insisterai pas sur ces opérations graphiques.

IV.

Soient $S = 0$, $S' = 0$, $S'' = 0$, $S''' = 0$, les équations de quatre sphères. Les plans radicaux de ces sphères prises deux à deux auront pour équations

$$S = S', \quad S = S'', \quad S = S''', \quad S' = S'', \quad S' = S''', \quad S'' = S''';$$

ces six plans se couperont en un même point qui aura pour équations

$$S = S' = S'' = S'''.$$

C'est le point d'égale puissance par rapport aux quatre sphères, et qu'on appelle *centre radical* de ces sphères.

Ce point sera toujours unique, à moins que les quatre sphères n'aient leurs centres dans un même plan; dans ce cas il pourra arriver que le centre radical soit à l'infini, ce qui signifie qu'il n'existe plus; ou bien ce centre sera remplacé par un axe radical, ou même par un plan radical, si les centres des quatre sphères sont en ligne droite.

Dans le problème dont nous allons nous occuper, nous supposerons d'abord que les quatre centres ne soient pas dans un même plan, et alors les sphères auront toujours un centre radical unique.

V.

Soit toujours $S = 0$ l'équation d'une sphère, et x', y', z' les coordonnées d'un point quelconque de l'espace; on sait que le *plan polaire* de ce point, par rapport à la sphère, aura pour équation

$$(x' - a)(x - a) + (y' - b)(y - b) + (z' - c)(z - c) - r^2 = 0.$$

On sait d'ailleurs que ce plan n'est autre que le lieu géométrique des sommets des cônes circonscrits à la sphère et dont les plans de contact avec cette dernière passent par le point.

Cette définition est applicable à tous les cas; on en déduit aisément que si le point est hors de la sphère, son plan polaire est celui des contacts de la sphère et des tangentes issues de ce point, et que si le point est sur la sphère, il est aussi sur son plan polaire qui est lui-même tangent à la sphère.

VI.

Soient $S = 0$, $S' = 0$, les équations de deux sphères; les centres de similitude direct et inverse de ces sphères auront respectivement pour équations

Centre direct.	Centre inverse.

$$x - a = \frac{r}{r - r'}(a' - a), \qquad\qquad x - a = \frac{r}{r + r'}(a' - a),$$

$$y - b = \frac{r}{r - r'}(b' - b), \qquad\qquad y - b = \frac{r}{r + r'}(b' - b),$$

$$z - c = \frac{r}{r - r'}(c' - c), \qquad\qquad z - c = \frac{r}{r + r'}(c' - c).$$

Les plans polaires de ces deux centres de similitude, relativement à la sphère S, auront respectivement pour équations

$$2(a - a')x + 2(b - b')y + 2(c - c')z - (p - p') = (a - a')^2 + (b - b')^2 + (c - c')^2 - (r - r')^2,$$
$$2(a - a')x + 2(b - b')y + 2(c - c')z - (p - p') = (a - a')^2 + (b - b')^2 + (c - c')^2 - (r + r')^2,$$

ou simplement

$$S' - S = \Delta(r, r'), \qquad S' - S = \delta(r, r').$$

en posant pour abréger

$$\Delta(r, r') = (a - a')^2 + (b - b')^2 + (c - c')^2 - (r - r')^2,$$
$$\delta(r, r') = (a - a')^2 + (b - b')^2 + (c - c')^2 - (r + r')^2.$$

Les plans polaires des deux mêmes centres de similitude, relativement à la sphère S', auront évidemment pour équations

$$S - S' = \Delta(r, r'), \qquad S - S' = \delta(r, r').$$

Si les deux sphères étaient extérieures l'une à l'autre, les deux centres de similitude seraient les sommets de deux cônes circonscrits à la fois aux deux sphères, et les quantités désignées par $\Delta(r, r')$, $\delta(r, r')$ seraient les carrés des parties des arêtes de ces cônes, comprises entre les deux sphères.

VII.

Théorème.

Le lieu géométrique des points de contact de l'une quelconque de trois sphères données avec toutes les sphères qui les touchent toutes trois, est un petit cercle de cette sphère, dont le plan est perpendiculaire au plan des centres des sphères données.

Il est bien entendu dans cet énoncé que l'une quelconque des trois sphères données doit être touchée *de la même manière* par toutes les sphères que l'on considère.

Considérons, pour fixer les idées, la série des sphères qui touchent extérieurement trois sphères données dont les équations seront comme précédemment

$$S = 0, \qquad S' = 0, \qquad S'' = 0,$$

et désignons par α, β, γ les coordonnées du centre de l'une des sphères tangentes

Σ, par ρ son rayon, et par x, y, z les coordonnées du point où elle touche la sphère S; on aura d'abord

$$(1) \qquad \alpha = \frac{\rho + r}{r} x - \frac{\rho}{r} a, \quad \beta = \frac{\rho + r}{r} y - \frac{\rho}{r} b, \quad \gamma = \frac{\rho + r}{r} z - \frac{\rho}{r} c;$$

puis, comme la sphère Σ touche les trois proposées :

$$(a - \alpha)^2 + (b - \beta)^2 + (c - \gamma)^2 - (r + \rho)^2 = 0,$$
$$(a' - \alpha)^2 + (b' - \beta)^2 + (c' - \gamma)^2 - (r' + \rho) = 0,$$
$$(a'' - \alpha)^2 + (b'' - \beta)^2 + (c'' - \gamma)^2 - (r'' + \rho)^2 = 0.$$

De ces dernières on déduit par la soustraction :

$$(2) \qquad \begin{cases} 2(a - a')x + 2(b - b')\beta + 2(c - c')\gamma + 2(r - r')\rho - (p - p') = 0, \\ 2(a - a'')x + 2(b - b'')\beta + 2(c - c'')\gamma + 2(r - r'')\rho - (p - p'') = 0. \end{cases}$$

Si maintenant on porte dans les équations (2) les valeurs de α, β, γ trouvées plus haut, on aura

$$(\rho + r)\{2(a - a')x + 2(b - b')y + 2(c - c')z - (p - p')\} = \rho\Delta(r, r').$$
$$(\rho + r)\{2(a - a'')x + 2(b - b'')y + 2(c - c'')z - (p - p'')\} = \rho\Delta(r, r'').$$

L'élimination de ρ entre ces équations, conduit à la suivante :

$$(3) \qquad \frac{S' - S}{\Delta(r, r')} = \frac{S'' - S}{\Delta(r, r'')},$$

qui est bien l'équation d'un plan.

Il suit de là que les points de contact des trois sphères données avec la série des sphères qui les touchent extérieurement toutes trois, seront sur trois plans ayant pour équations

$$(4) \qquad \frac{S' - S}{\Delta(r, r')} = \frac{S'' - S}{\Delta(r, r'')}, \quad \frac{S'' - S'}{\Delta(r', r'')} = \frac{S - S'}{\Delta(r, r')}, \quad \frac{S - S''}{\Delta(r, r'')} = \frac{S' - S''}{\Delta(r', r'')}.$$

Ces trois plans se coupent évidemment suivant la droite

$$S = S' = S''$$

qui est l'axe radical des trois sphères ; et comme cette droite est perpendiculaire au plan des centres des trois sphères, il s'ensuit que ces trois plans le seront pareillement.

Si l'une des sphères proposées, la sphère S par exemple, devait être enveloppée par la série des sphères tangentes, il suffirait de changer le signe de r dans les équations (1) et (2), et par suite dans toutes celles que l'on en déduit ; ce qui revient évidemment à remplacer dans les équations (4)

$$\Delta(r, r') \quad \text{et} \quad \Delta(r, r'') \quad \text{par} \quad \delta(r, r') \quad \text{et} \quad \delta(r, r'').$$

Si les trois sphères devaient être enveloppées par la série des sphères tangentes, il faudrait changer les signes de r, r', r'' ; ce qui ne produirait aucun changement dans les équations (4).

Il résulte de là que les équations (4) s'appliqueront à tous les cas, si l'on convient de remplacer la caractéristique Δ par δ, lorsque les sphères dont les rayons suivent cette caractéristique, doivent être touchées de manières différentes.

Dans tous les cas, les plans ainsi déterminés passent toujours par l'axe radical des trois sphères.

VIII.

Problème.

Construire une sphère tangente à quatre sphères données.
Soient
$$S = 0, \quad S' = 0, \quad S'' = 0, \quad S''' = 0$$

les équations des quatre sphères données, et supposons pour fixer les idées que la sphère cherchée doive toucher les proposées toutes extérieurement, ou toutes intérieurement.

Les lieux des points de contact de la sphère S et des séries de sphères qui touchent extérieurement ou intérieurement cette sphère et deux des trois autres, ont pour équations

$$(1) \qquad \frac{S' - S}{\Delta(r, r')} = \frac{S'' - S}{\Delta(r, r'')}, \quad \frac{S' - S}{\Delta(r, r')} = \frac{S''' - S}{\Delta(r, r''')}, \quad \frac{S'' - S}{\Delta(r, r'')} = \frac{S''' - S}{\Delta(r, r''')}.$$

Ces trois plans se couperont suivant une même droite ayant pour équations

$$(2) \qquad \frac{S' - S}{\Delta(r, r')} = \frac{S'' - S}{\Delta(r, r'')} = \frac{S''' - S}{\Delta(r, r''')}.$$

Cette droite percera la sphère généralement en deux points; l'un d'eux sera le point de contact avec la sphère qui touche extérieurement les quatre proposées; l'autre le point de contact avec la sphère qui les enveloppe toutes quatre.

La droite (2) peut être facilement construite; elle passe par trois points connus, ce qui est plus que suffisant pour la déterminer. En effet :

1° La droite (2) passe par le point

$$S = S' = S'' = S'''$$

qui est le centre radical des quatre sphères données.

2° Elle passe aussi par le point dont les équations sont

$$S' - S = \Delta(r, r'), \quad S'' - S = \Delta(r, r''), \quad S''' - S = \Delta(r, r'''),$$

et qui représentent les plans polaires, relativement à la sphère S, du centre de similitude direct de cette sphère prise avec chacune des trois autres. L'intersection de ces plans faciles à construire, donne donc un second point de la droite (2).

3° Enfin la même droite passe par le point dont les équations sont

$$S - S' = \Delta(r, r'), \quad S - S'' = \Delta(r, r''), \quad S - S''' = \Delta(r, r''')$$

et qui représentent les plans polaires par rapport aux sphères S', S'', S''' des centres de similitude directs de ces sphères considérées séparément avec la sphère S.

Si la sphère S, étant toujours touchée extérieurement, quelques-unes des trois autres devaient être enveloppées, nous avons vu que, pour ces dernières, il fallait remplacer la caractéristique Δ par δ; ce qui revient, comme on voit, à prendre le centre de similitude direct, si les deux sphères doivent être touchées de la même manière, et le centre de similitude inverse, si elles doivent être touchées différemment.

De ce qui précède on déduit aisément la construction suivante.

IX.

Construction.

Pour construire une sphère tangente à quatre sphères données, dont les centres ne sont pas dans un même plan, on cherchera les centres de similitude de chacune des quatre sphères avec chacune des trois autres, et l'on prendra chaque centre de similitude direct ou inverse, suivant que les deux sphères correspondantes devront être touchées de la même manière, ou de manière différente ; on construira les plans polaires des trois centres de similitude ainsi déterminés correspondants à chaque sphère par rapport à cette sphère, et l'on obtiendra ainsi dans chacune d'elles, un point que l'on joindra à leur centre radical. Les quatre droites ainsi obtenues couperont les quatre sphères en huit points ; quatre de ces points constitueront une solution du problème, et les quatre autres une solution semblable ou inverse.

La solution précédente subsiste, quels que soient les rayons des sphères données, et par conséquent lorsque les rayons de quelques-unes sont nuls. On peut donc regarder comme résolu le problème qui consiste à construire une sphère tangente à n sphères données et passant par $4 - n$ points donnés. Il faut seulement remarquer que les centres de similitude direct et inverse de deux sphères S et S′ se confondent avec le centre de l'une d'elles lorsque le rayon de celle-ci s'annule.

X.

Si les centres des quatre sphères étaient dans un même plan, on ne pourrait plus appliquer la construction précédente ; mais dans ce cas la droite (1) est perpendiculaire au plan des centres des sphères, et rien n'est plus facile que de déterminer sa trace sur ce plan.

Soit pris pour plan xy celui qui renferme les quatre centres, et soient

$$C = 0, \quad C' = 0, \quad C'' = 0, \quad C''' = 0$$

les équations des grands cercles suivant lesquels le plan xy coupe les sphères. Comme les coordonnées $c,\ c',\ c'',\ c'''$ sont nulles, les équations de la droite (1) ou de sa trace sur le plan des centres seront

$$\frac{C' - C}{\Delta(r, r')} = \frac{C'' - C}{\Delta(r, r'')} = \frac{C''' - C}{\Delta(r, r''')}.$$

Ces équations sont sur le plan xy, celles du point où se coupent les droites qui ont pour équations

$$\frac{C'-C}{\Delta(r,r)} = \frac{C''-C}{\Delta(r,r'')}, \quad \frac{C'-C}{\Delta(r,r')} = \frac{C'''-C}{\Delta(r,r''')}, \quad \frac{C''-C}{\Delta(r,r'')} = \frac{C'''-C}{\Delta(r,r''')}.$$

Il est facile de construire ces droites qui ne sont autres que celles qui déterminent sur la circonférence C les points de contact de cette circonférence avec le cercle qui touche en même temps deux des trois autres cercles C', C'', C'''. L'intersection de ces trois droites donne immédiatement la trace de la droite (1).

Les opérations graphiques relatives à ce cas particulier s'effectuent sans difficulté.

SUR LA SURFACE RÉGLÉE

DONT LES RAYONS DE COURBURE PRINCIPAUX SONT ÉGAUX

ET DIRIGÉS EN SENS CONTRAIRES (*).

1. On sait que l'hélicoïde gauche à plan directeur a, en chaque point, ses rayons de courbure principaux égaux et de sens contraires, et même que cette surface est la seule, parmi les surfaces réglées, qui jouisse de cette propriété (**). Dans un élégant mémoire qui fait partie du tome XI du journal de M. Liouville, M. Michael Roberts a cherché à déduire ce théorème des équations intégrales que Monge a fait connaître, et qui représentent généralement toutes les surfaces dont les deux rayons de courbure sont égaux et de sens contraires. Cette marche avait déjà été indiquée par Legendre dans les *Mémoires de l'Académie des sciences* pour l'année 1787. On lit, en effet, à la page 314 : *Si l'on cherche la surface la moindre entre deux lignes droites données, non situées dans le même plan, soient* m *la plus courte distance de ces lignes,* λ *l'angle qu'elles font entre elles, on pourra déterminer à priori la forme des fonctions* φ *et* ψ, *et il en résultera, pour l'équation de la surface cherchée, réduite à la forme la plus simple,*

$$z = x \tang \frac{\lambda y}{m}.$$

(*) Cet article a été publié, pour la première fois, dans le t. XI du *Journal de Mathématiques* de M. Liouville.
(**) La question dont il s'agit ici a été traitée par Olivier à la page 436 des *Développements de géométrie descriptive*.

Mais le moyen le plus simple et le plus naturel de démontrer ce théorème consiste, ainsi que M. Wantzel l'a remarqué dans une note communiquée à la Société philomatique en 1843, à combiner l'équation aux dérivées partielles des surfaces dont les deux rayons de courbure sont égaux et de sens contraires avec les équations de la droite génératrice. On peut de la même manière déterminer les surfaces réglées que représente une équation aux dérivées partielles, plus générale, qui comprend un grand nombre de celles que Monge a considérées dans sa *Géométrie analytique*, et l'on simplifie beaucoup les substitutions en faisant subir à l'équation une transformation préalable que nous allons rappeler.

2. L'équation aux dérivées partielles des surfaces dont les deux rayons de courbure sont égaux et de sens contraires, est comprise, comme cas particulier, dans l'équation

$$(1) \qquad Rr + Ss + Tt + U(rt - s^2) = 0,$$

où R, S, T, U sont des fonctions données de p et q seulement. $\Big($Nous représentons, suivant l'usage, par p et q les dérivées du premier ordre $\dfrac{dz}{dx}, \dfrac{dz}{dy}$, par r, s, t les dérivées du second ordre $\dfrac{d^2z}{dx^2}, \dfrac{d^2z}{dxdy}, \dfrac{d^2z}{dy^2}.\Big)$

A l'aide de la transformation indiquée par Legendre dans l'ouvrage déjà cité, on peut faire dépendre l'intégration de l'équation (1), de celle d'une équation linéaire, et voici comment.

Si l'on fait

$$(2) \qquad u = px + qy - z,$$

on aura

$$du = xdp + ydq,$$

à cause de

$$dz = pdx + qdy,$$

ce qui montre que, si l'on prend p et q pour variables indépendantes, au lieu de x et y, en sorte que x, y et, par suite, z et u, soient considérées comme fonctions de p et q, on aura

$$x = \frac{du}{dp}, \qquad y = \frac{du}{dq}.$$

D'ailleurs, des équations

$$dp = rdx + sdy, \qquad dq = sdx + tdy,$$

on tire

$$dx = \frac{t}{rt - s^2}\, dp - \frac{s}{rt - s^2}\, dq, \qquad dy = - \frac{s}{rt - s^2}\, dp + \frac{r}{rt - s^2}\, dq,$$

d'où

$$\frac{dx}{dp} = \frac{d^2 u}{dp^2} = \frac{t}{rt - s^2}; \quad \frac{dx}{dq} = \frac{dy}{dp} = \frac{d^2 u}{dp\,dq} = \frac{-s}{rt - s^2}, \quad \frac{dy}{dq} = \frac{d^2 u}{dq^2} = \frac{r}{rt - s^2}.$$

D'après cela, l'équation (1) deviendra

$$(4) \qquad\qquad \mathrm{R}\,\frac{d^2 u}{dq^2} - \mathrm{S}\,\frac{d^2 u}{dp\,dq} + \mathrm{T}\,\frac{d^2 u}{dp^2} + \mathrm{U} = 0.$$

Celle-ci est linéaire ; elle fera connaître u en fonction de p et q ; on connaîtra ensuite x, y et z à l'aide des équations

$$x = \frac{du}{dp}, \quad y = \frac{du}{dq}, \quad z = p\,\frac{du}{dp} + q\,\frac{du}{dq} - u.$$

Il faut remarquer toutefois que, si l'équation (1) admettait des solutions communes avec l'équation

$$rt - s^2 = 0,$$

la méthode précédente ne pourrait les faire connaître ; car, dans ce cas, il y aurait une équation entre p et q, et ces quantités ne pourraient plus dès lors être prises pour les variables indépendantes. On devra donc toujours chercher à part les surfaces développables qui pourraient satisfaire à l'équation (1).

3. Cherchons maintenant les surfaces réglées que l'équation (1) peut représenter. Soient

$$(5) \qquad\qquad \left\{ \begin{array}{l} y = ax + \mathrm{A}, \\ z = bx + \mathrm{B}, \end{array} \right.$$

les équations de la génératrice, dans lesquelles a est un paramètre variable, et A, b, B sont des fonctions de ce paramètre.

On peut d'abord exprimer l'une des variables p et q en fonction de la seconde et du paramètre a ; car si l'on passe d'un point à un point infiniment voisin de la même génératrice, on aura

$$dy = a\,dx, \quad dz = b\,dx;$$

et comme d'ailleurs

$$dz = p\,dx + q\,dy,$$

il viendra

$$b = p + aq,$$

ou

(6)
$$p = b - aq.$$

Si maintenant on porte dans l'équation (2) les valeurs de y, z et p tirées des équations (5) et (6), il viendra

(7)
$$u = Aq - B.$$

Si l'on considère p, q et u comme trois coordonnées rectangulaires, les équations (6) et (7) seront celles d'une ligne droite, et nous serons ramenés à chercher la surface réglée que représente l'équation (4).

Enfin, en remplaçant dans la première des équations (5), y et x par leurs valeurs $\dfrac{du}{dq}$, $\dfrac{du}{dp}$, on obtient

(8)
$$\frac{du}{dq} = a\frac{du}{dp} + A,$$

ce que l'on pourrait aussi déduire des équations (6) et (7).

Cela posé, différentions l'équation (8) successivement par rapport à p et à q, dénotons par A', b', B' les dérivées de A, b et B, et remarquons enfin que l'équation (6) donne

$$\frac{da}{dp} = \frac{1}{b' - q}, \quad \frac{da}{dq} = \frac{a}{b' - q},$$

on aura

(9)
$$\begin{cases} \dfrac{d^2u}{dpdq} = a\dfrac{d^2u}{dp^2} + \dfrac{\dfrac{du}{dp} + A'}{b' - q}, \\[3em] \dfrac{d^2u}{dq^2} = a\dfrac{d^2u}{dpdq} + a\dfrac{\dfrac{du}{dp} + A'}{b' - q} = a^2\dfrac{d^2u}{dp^2} + 2a\dfrac{\dfrac{du}{dp} + A'}{b' - q}. \end{cases}$$

Portant dans l'équation (4) les valeurs de p, $\dfrac{du^2}{dpdq}$, $\dfrac{d^2u}{dq^2}$, tirées des équations (6) et (9), et dénotant par $R_{,}$, $S_{,}$, $T_{,}$, $U_{,}$ ce que deviennent R, S, T, U, par le changement de p en $b - aq$, on aura

(10)
$$(a^2R_{,} - aS_{,} + T_{,})\frac{d^2u}{dp^2} + (2aR_{,} - S_{,})\frac{\dfrac{du}{dp} + A'}{b' - q} + U_{,} = 0;$$

mais l'équation (7) donne

$$\frac{du}{d\rho} = \frac{A'q - B'}{b' - q}, \quad \frac{d^2u}{d\rho^2} = \frac{1}{b' - q}\frac{d}{da}\left(\frac{A'q - B'}{b' - q}\right),$$

et l'équation (10) devient

$$(11) \qquad \frac{d}{da}\left(\frac{A'q - B'}{b' - q}\right) + \frac{A'b' - B'}{b' - q} \cdot \frac{2aR_1 - S_1}{a^2 R_1 - aS_1 + T_1} + \frac{(b' - q)U_1}{a^2 R_1 - aS_1 + T_1} = 0.$$

Telle est la condition nécessaire et suffisante pour que la surface réglée que nous considérons satisfasse à l'équation (1). En exprimant qu'elle doit avoir lieu quel que soit q, on aura plusieurs équations à l'aide desquelles on déterminera b, A et B.

4. Supposons qu'il s'agisse de la surface dont les deux rayons de courbure sont égaux et de sens contraires, on aura

$$R = 1 + q^2, \quad S = -2pq, \quad T = 1 + p^2, \quad U = 0,$$

et

$$a^2 R_1 - aS_1 + T_1 = 1 + a^2 + b^2, \quad 2aR_1 - S_1 = 2(bq + a), \quad U_1 = 0;$$

alors l'équation (11) deviendra

$$(12) \qquad \frac{d}{da}\left(\frac{A'q - B'}{b' - q}\right) + \frac{2(A'b' - B')}{1 + a^2 + b^2} \cdot \frac{bq + a}{b' - q} = 0,$$

ou, en effectuant la différentiation, et dénotant par b'', A'', B'', les secondes dérivées de b, A, B,

$$(13) \qquad (A'q - B')b'' = (b' - q)\left[(A''q - B'') + \frac{2(A'b' - B')(bq + a)}{1 + a^2 + b^2}\right];$$

cette équation doit être identique; si l'on y fait $q = b'$, on aura

$$A'b' - B' = 0, \quad \text{ou} \quad b'' = 0.$$

La première de ces équations ne saurait avoir lieu; car, dans le cas contraire, l'équation (12) donnerait

$$\frac{dA'}{da} = \frac{d}{da}\frac{B'}{b'} = 0,$$

d'où, en représentant par x', y', z' trois constantes arbitraires,

$$A = y' - ax' \quad \text{et} \quad B = z' - bx',$$

en sorte que les équations de la génératrice seraient

$$y - y' = a(x - x'), \quad z - z' = b(x - x'),$$

et représenteraient une surface conique faisant partie des surfaces $rt - s^2 = 0$ que nous avons exclues ; on a donc nécessairement

$$b'' = 0, \quad \text{d'où} \quad b = Ca + C',$$

C et C' représentant deux constantes arbitraires.

Ce dernier résultat fait voir que la génératrice est constamment parallèle à un plan fixe, et, par conséquent, que la surface est à plan directeur. Si l'on prend ce plan pour celui des x et y, les constantes C et C' seront nulles ; on aura

$$b = 0, \quad b' = 0,$$

et l'équation (13) deviendra

$$A''q - B'' - \frac{2B'a}{1 + a^2} = 0,$$

d'où

$$A'' = 0, \quad \text{et} \quad \frac{B''}{B'} + \frac{2a}{1 + a^2} = 0 ;$$

on tire de là, par l'intégration,

$$A = y' - ax', \quad B = z' + c \text{ arc tang } a,$$

x', y', z' et c désignant quatre constantes arbitraires. Les équations de la génératrice seront, d'après cela,

$$y - y' = a(x - x'), \quad z - z' = c \text{ arc tang } a,$$

ou simplement

$$y = ax, \quad z = c \text{ arc tang } a,$$

et l'équation de la surface sera enfin

$$\frac{y}{x} = \text{tang } \frac{z}{c},$$

cette équation est bien celle de l'hélicoïde gauche à plan directeur.

3

5. En considérant, comme nous l'avons fait, b, A, B comme des fonctions de a, on omettrait en général les surfaces pour lesquelles on a

$$a = \text{une constante.}$$

Mais il suffira évidemment, pour éviter cet inconvénient, de remplacer partout dans nos formules b' et b'' par $\dfrac{b'}{a'}$ et $\dfrac{b''a' - b'a''}{a'^2}$, et ainsi des autres; alors a, b, A et B seront considérés comme fonctions d'un paramètre indéterminé.

Dans l'exemple que nous avons traité, on pouvait supposer a variable, parce que la propriété géométrique exprimée par l'équation aux différentielles partielles est indépendante des axes coordonnés, et que cette équation restera la même par le changement des quantités z et y l'une en l'autre; si donc l'une des quantités a ou b est constante, on peut supposer que ce ne soit pas a, et il est évident qu'elles ne peuvent l'être en même temps, puisque alors la surface serait cylindrique, et par suite développable.

Quant aux surfaces développables, on devra les examiner à part; il est aisé de voir que toutes celles que représente notre équation

$$(1 + q^2)r - 2pqs + (1 + p^2)t = 0$$

sont imaginaires. Car, pour les surfaces développables,

$$\frac{dp^2}{r} = \frac{dpdq}{s} = \frac{dq^2}{t},$$

d'où

$$(1 + q^2)dp^2 - 2pqdpdq + (1 + p^2)dq^2 = 0,$$

ou

$$dp^2 + dq^2 + (qdp - pdq)^2 = 0.$$

III

SUR LA MOINDRE SURFACE

COMPRISE ENTRE DES LIGNES DROITES DONNÉES

NON SITUÉES SUR LE MÊME PLAN.

Si x, y, z désignent des coordonnées rectangulaires, et si l'on fait, suivant l'usage, $dz = pdx + qdy$, $dp = rdx + sdy$, $dq = sdx + tdy$, la surface la moindre entre des limites données a pour équation différentielle, d'après Lagrange,

$$(1) \qquad (1+q^2)r - 2pqs + (1+p^2)t = 0.$$

Monge a trouvé le premier l'intégrale générale de l'équation (1); cette intégrale est le résultat de l'élimination des quantités α et β entre les trois équations

$$(2) \qquad \begin{cases} x = \varphi'(\alpha) + \psi'(\beta), \\ y = \varphi(\alpha) - \alpha\varphi'(\alpha) + \psi(\beta) - \beta\psi'(\beta), \\ z = \int \sqrt{-1 - \alpha^2}\,\varphi''(\alpha)\,d\alpha + \int \sqrt{-1 - \beta^2}\,\psi''(\beta)\,d\beta; \end{cases}$$

φ et ψ désignent deux fonctions arbitraires, dont nous indiquons les dérivées par des accents, à la manière de Lagrange.

La méthode employée par Monge pour intégrer l'équation (1) est loin d'être satisfaisante; aussi Legendre a-t-il jugé utile de reprendre la question, et il a fait connaître, dans les *Mémoires de l'Académie des Sciences* pour 1787, une méthode rigoureuse qui le conduit aisément au résultat. Après avoir établi les équations (2), Legendre ajoute : « Si l'on cherche la surface la moindre entre deux lignes droites données non situées dans le même plan, soit m la plus courte distance de ces lignes, λ l'angle qu'elles font entre elles ; on pourra déterminer *à priori* la forme des fonctions φ et ψ, et il en résultera pour l'équation de la surface cherchée réduite à la forme la plus simple, $z = x \tang \dfrac{\lambda y}{m}$. »

La surface dont il s'agit ici est l'hélicoïde gauche à plan directeur ; cette surface satisfait à la condition énoncée, mais elle ne constitue qu'un cas particulier. Il y a effectivement une infinité de surfaces continues d'aire minima, passant par deux droites données non situées dans le même plan, et il est très-aisé d'obtenir toutes ces surfaces.

Nous poserons

$$\alpha = \tang a, \qquad \sqrt{-1 - \alpha^2} = \frac{\sqrt{-1}}{\cos a},$$

$$\beta = \tang b, \qquad \sqrt{-1 - \beta^2} = \frac{\sqrt{-1}}{\cos b},$$

et nous prendrons a et b pour variables, à la place de α et β. Au lieu des fonctions arbitraires $\varphi(\alpha)$ et $\psi(\beta)$, nous en prendrons deux autres $\Phi(a)$ et $\Psi(b)$, telles que l'on ait

$$\varphi(\alpha) = \tang a \int \Phi(a) \cos a \, da - \int \Psi(a) \sin a \, da,$$

$$\psi(\beta) = \tang b \int \Psi(b) \cos b \, db - \int \Psi(b) \sin b \, db;$$

les équations (2) deviennent alors

$$(3) \quad \left\{ \begin{aligned} x &= + \int \Phi(a) \cos a \, da + \int \Psi(b) \cos b \, db, \\ y &= - \int \Phi(a) \sin a \, da - \int \Psi(b) \sin b \, db, \\ z &= \sqrt{-1} \int \Phi(a) \, da + \sqrt{-1} \int \Psi(b) \, db. \end{aligned} \right.$$

Supposons que la surface représentée par les équations (3) contienne une droite parallèle au plan xy. En désignant par λ un angle donné, on aura, pour les points de cette droite, $dx \cos \lambda - dy \sin \lambda = 0$ et $dz = 0$, ou, à cause des équations (3), $\Phi(a) \, da + \Psi(b) \, db = 0$ et $\cos(a - \lambda) - \cos(b - \lambda) = 0$. Cette dernière condition exprime que l'un des arcs $a - b$ et $a + b - 2\lambda$ est égal à un nombre entier de circonférences, c'est-à-dire égal à $2k\pi$. On ne peut supposer $a - b =$

$2k\pi$; car il en résulterait $dx = 0$, $dy = 0$, $dz = 0$; d'ailleurs, comme l'angle donné λ peut comprendre un nombre indéterminé de circonférences, on a simultanément

$$a + b = 2\lambda, \qquad \Phi(a) - \Psi(b) = 0,$$

d'où

$$(4) \qquad \Psi(b) = \Phi(2\lambda - b).$$

Si la surface (3) contient une deuxième droite parallèle au plan xy et ayant pour équations $dx \cos \lambda' - dy \sin \lambda' = 0$, $dz = 0$, on aura de même simultanément

$$a + b = 2\lambda', \qquad \Phi(a) - \Psi(b) = 0,$$

d'où

$$(5) \qquad \Psi(b) = \Phi(2\lambda' - b).$$

Les équations (4) et (5) donnent $\Phi(2\lambda - b) = \Phi(2\lambda' - b)$, ou, en mettant $2\lambda' - a$ au lieu de b,

$$(6) \qquad \Phi(a + 2\lambda - 2\lambda') = \Phi(a).$$

L'une des équations (4) et (5) détermine la fonction arbitraire Ψ par le moyen de Φ, et, d'après l'équation (6), on voit que Φ est une fonction périodique arbitraire, dont la période est $2\lambda - 2\lambda'$.

La surface (3) peut contenir encore d'autres droites parallèles au plan xy. Soient, en effet, $dx \cos \lambda'' - dy \sin \lambda'' = 0$, $dz = 0$, les équations d'une parallèle droite ; il suffira que la fonction Φ ait la période $2\lambda - 2\lambda''$. Mais il faut alors que le rapport des périodes $2\lambda - 2\lambda'$ et $2\lambda - 2\lambda''$ soit commensurable ; si cela n'a pas lieu, la fonction Φ se réduira à une constante : ce cas est celui de l'hélicoïde gauche.

Si l'on prend pour axe des z la plus courte distance des deux droites qui doivent être contenues dans la surface que nous considérons, les équations de ces droites, sous forme finie, seront

$$x \cos \lambda - y \sin \lambda = 0,\ z = m \qquad \text{et} \qquad x \cos \lambda' - y \sin \lambda' = 0,\ z = m'.$$

On peut écrire alors, comme il suit, les équations de la surface cherchée :

$$(7) \qquad \begin{cases} x \cos \lambda - y \sin \lambda = \displaystyle\int_{-b+2\lambda}^{a} \Phi(a) \cos(a - \lambda)\, da, \\[2mm] x \cos \lambda' - y \sin \lambda' = \displaystyle\int_{-b+2\lambda}^{a} \Phi(a) \cos(a - \lambda')\, da, \\[2mm] z - m = \sqrt{-1} \displaystyle\int_{-b+2\lambda}^{a} \Phi(a)\, da, \end{cases}$$

avec la condition particulière

$$(8) \qquad m' - m = \sqrt{-1} \int_{-b + 2\lambda}^{-b + 2\lambda'} \Phi(a) \, da.$$

Si l'on fait $\lambda' = 0$, $m' = 0$, et qu'on prenne pour $\Phi(a)$ une constante, l'équation (8) donne $\Phi(a) = \dfrac{m}{2\lambda\sqrt{-1}}$ il vient alors :

$$x = \frac{m}{2\lambda\sqrt{-1}} (\sin a + \sin b), \quad y = \frac{m}{2\lambda\sqrt{-1}} (\cos a + \cos b), \quad z = \frac{m}{2\lambda} (a + b)$$

d'où en éliminant a et b,

$$x = y \tang \frac{\lambda z}{m},$$

ce qui est l'équation de l'héliçoïde gauche.

Si, en second lieu, on fait $\lambda = \dfrac{\pi}{2}$, $\lambda' = 0$, $m' = 0$, on pourra prendre

$$\Phi(a) = \frac{m}{\pi\sqrt{-1}} + \frac{\sqrt{-1}}{2\mathrm{A}} \cos 2a,$$

A étant une constante réelle, les formules (7) donnent alors

$$x = -\left(\frac{m}{\pi} + \mathrm{A}\right)(\sin a + \sin b)\sqrt{-1} - \frac{\mathrm{A}}{3}(\sin 3a + \sin 3b)\sqrt{-1},$$

$$y = -\left(\frac{m}{\pi} - \mathrm{A}\right)(\cos a + \cos b)\sqrt{-1} - \frac{\mathrm{A}}{3}(\cos 3a + \cos 3b)\sqrt{-1},$$

$$z = \frac{m}{\pi}(a + b) + \mathrm{A}(\sin 2a + \sin 2b).$$

On peut débarrasser ces formules des imaginaires qu'elles contiennent en posant $a = \pi + g + h\sqrt{-1}$, $b = g - h\sqrt{-1}$.

Les équations (7) conservant une fonction périodique arbitraire, on conçoit qu'on puisse disposer de cette fonction de manière à faire passer la surface considérée par de nouvelles droites non parallèles au plan des deux premières.

IV

MÉMOIRE

SUR LES SURFACES DONT TOUTES LIGNES DE COURBURE

SONT PLANES OU SPHÉRIQUES (*).

M. Bonnet a présenté à l'Académie des Sciences, dans la séance du 10 janvier 1853, un Mémoire ayant pour objet la recherche des surfaces dont toutes les lignes de courbure sont planes. La méthode suivie par M. Bonnet consiste à former d'abord l'équation aux différentielles partielles du deuxième ordre, qui représente les surfaces dont il s'agit ; il obtient ensuite l'équation sous forme finie au moyen des méthodes d'intégration développées par l'illustre Monge dans son *Application de l'Analyse à la Géométrie*.

Dès que j'eus pris connaissance de l'extrait du Mémoire de M. Bonnet, imprimé dans les *Comptes rendus des séances de l'Académie des Sciences*, je pensai que la solution de la question qu'il avait traitée devait découler sans effort d'un théorème remarquable découvert par M. Joachimsthal et publié dans le tome XXX du Journal de M. Crelle. Effectivement, le théorème de M. Joachimsthal, dans la recherche dont il s'agit ici, donne immédiatement les intégrales du problème et joue un rôle analogue à celui des principes des forces vives et des aires dans les questions de Mécanique. Je cherchai donc à étudier, à ce nouveau point de vue, les détails du problème posé par M. Bonnet, et je communiquai à l'Académie le résultat de mes recherches, dans la séance du 24 janvier 1853.

Quelque temps après, je m'occupai de la recherche des surfaces à lignes de courbures sphériques, d'après la méthode que j'avais suivie pour les

---

(*) Ce Mémoire a été publié pour la première fois dans le tome XVIII du journal de M. Liouville.

surfaces à lignes de courbure planes, en y ajoutant les considérations que peut fournir ici naturellement la *transformation par rayons vecteurs réciproques*. La solution de ce nouveau problème est identique à celle du premier; je la communiquai à l'Académie dans la séance du 21 février; j'ajoutai ensuite quelques détails à la séance suivante (*).

Je me propose de réunir dans ce Mémoire, avec quelques développements, les résultats divers que j'ai successivement présentés à l'Académie.

PREMIÈRE PARTIE.

DES SURFACES DONT TOUTES LES LIGNES DE COURBURE SONT PLANES.

§ Ier.

Le théorème de M. Joachimsthal, cité plus haut, consiste en ce que :

Si une surface a une ligne de courbure plane, le plan de cette ligne coupe la surface partout sous le même angle ; réciproquement, si un plan coupe une surface partout sous le même angle, l'intersection est une ligne de courbure de la surface.

D'après ce théorème, si une surface est telle que les lignes de courbure de l'un des systèmes soient planes, on aura

$$(1) \qquad ax + by + cz = u,$$
$$(2) \qquad - ap - bq + c = l \sqrt{1 + p^2 + q^2}.$$

Dans ces équations, x, y, z désignent les coordonnées rectangulaires de la surface; p et q sont mis au lieu de $\dfrac{dz}{dx}$ et $\dfrac{dz}{dy}$. Enfin, les quantités a, b, c, u et l sont constantes pour une même ligne de courbure; mais comme elles varient d'une

---

(*) Dans le même temps, M. Bonnet s'occupait de la même question qu'il traitait également par la méthode que j'avais fait connaître après la publication de son premier Mémoire. On trouvera dans le tome XXXVI des *Comptes rendus des séances de l'Académie des sciences*, les Notes de M. Bonnet et les observations que j'ai cru devoir présenter à l'occasion de ces Notes.

ligne à une autre, il faut les considérer comme des fonctions d'un paramètre t.

Si l'on imagine que t soit éliminé des équations (1) et (2), on aura une équation différentielle partielle du premier ordre, qui sera celle des surfaces dont les lignes de courbure de l'un des systèmes sont planes. Cette équation ne renfermera que trois fonctions arbitraires, car on peut égaler l'une des cinq quantités a, b, c, u, t à l'unité, et l'une des quatre autres au paramètre t : il s'ensuit que l'équation intégrale renfermera quatre fonctions arbitraires. L'élimination de t n'est possible que si l'on a fixé les fonctions arbitraires ; mais si l'on suppose que x et t soient prises pour variables indépendantes, on déduira facilement des équations (1) et (2) une équation différentielle partielle entre y, x et t. L'équation intégrale de celles-ci et l'équation (1) serviront à représenter les surfaces dont les lignes de courbure de l'un des systèmes sont planes.

Mais si l'on ajoute la condition que les lignes de courbure du second système soient planes, on aura, outre les équations (1) et (2),

$$(3) \qquad \alpha x + \beta y + \gamma z = u,$$

$$(4) \qquad -\alpha p - \beta q + \gamma = \lambda \sqrt{1 + p^2 + q^2},$$

α, β, γ, u et λ étant des fonctions d'un second paramètre θ, qui restent constantes, avec ce paramètre, sur une même ligne de courbure, mais qui varient d'une ligne à une autre.

Il s'agit maintenant d'exprimer que les équations (1) et (3) appartiennent à deux lignes de courbure de systèmes différents. Désignons par dx, dy, dz les variations infiniment petites de x, y, z sur la première ligne de courbure ; par δx, δy, δz les variations sur la seconde, on aura

$$dx\delta x + dy\delta y + dz\delta z = 0.$$

On peut éliminer les six variations que renferme cette équation au moyen des suivantes :

$$adx + bdy + cdz = 0, \quad dz = pdx + qdy,$$
$$a\delta x + \beta\delta y + \gamma\delta z = 0, \quad \delta z = p\delta x + q\delta y;$$

il vient alors

$$(bp - aq)(\beta p - \alpha q) + (a + cp)(\alpha + \gamma p) + (b + cq)(\beta + \gamma q) = 0;$$

enfin, si l'on ajoute à cette équation celle que l'on obtient en multipliant membre à membre les équations (2) et (4), il vient simplement

$$(5) \qquad\qquad a\alpha + b\beta + c\gamma = l\lambda,$$

équation qui doit être satisfaite en prenant pour a, b, c et l des fonctions du paramètre t, et pour α, β, γ, λ des fonctions du paramètre θ.

On peut satisfaire à l'équation (5) en supposant a, b, c constantes ou α, β, γ constantes. Ce cas est celui des surfaces dont les lignes de courbure de l'un des systèmes sont dans des plans parallèles à un plan fixe. S'il s'agit, par exemple, du premier système, et si l'on prend le plan fixe pour celui des xz, on pourra faire

$$a = 0, \quad b = 1, \quad c = 0;$$

alors l'équation (5) se réduit à

$$\beta = l\lambda,$$

ce qui exige que l'on ait

$$\beta = 0, \quad \lambda = 0,$$

ou bien

$$- l = \text{une constante } m, \quad \beta = - m\lambda.$$

Si c'est la première hypothèse qui a lieu, comme α, β, γ ne peuvent être nuls tous trois, on peut prendre, en outre,

$$\alpha = 1.$$

Laissons de côté le cas où les plans des lignes de l'une des courbures sont parallèles. Parmi les trois quantités a, b, c ou α, β, γ, deux au moins sont différentes de zéro; on peut donc supposer a et β différents de zéro; par conséquent, on peut poser

$$a = 1, \quad \beta = 1;$$

l'équation (5) devient alors

$$(6) \qquad\qquad \alpha + b + c\gamma = l\lambda.$$

Désignons les dérivées par des accents à la manière de Lagrange; il viendra, en différentiant l'équation (6) par rapport au paramètre t, puis celle obtenue ainsi par rapport à θ,

$$(7) \qquad \begin{cases} b' + c'\gamma = l'\lambda, \\ \quad\ c'\gamma = l'\lambda'. \end{cases}$$

Si c' et γ' sont différents de zéro, la deuxième équation (7) donne

$$l' = \frac{\gamma'}{\lambda'}\, c',$$

et la première devient alors

$$b' = \left(\frac{\lambda\gamma'}{\gamma} - \gamma\right) c';$$

à cause de l'hypothèse $c' \lessgtr 0$, cette équation ne peut subsister que si $\dfrac{\lambda\gamma'}{\lambda'} - \gamma$ se réduit à zéro ou au moins à une constante ; par conséquent, le rapport des quantités b' et c' est constant, et il existe une relation linéaire entre b et c. L'équation (6) exige donc en premier lieu que l'on ait

$$c = \text{constante} \quad \text{ou} \quad \gamma = \text{constante},$$

ou que b et c soient liées par une équation linéaire. D'où il suit que les plans des lignes de l'une des courbures sont parallèles à une droite fixe. Supposons qu'il s'agisse des lignes de la première courbure, et prenons la droite fixe pour axe des y ; on aura

$$b = 0;$$

l'équation (6) devient alors

$$\alpha + c\gamma = l\lambda,$$

et sa dérivée relative à t,

$$c'\gamma = l'\lambda.$$

c' ne peut être nul, car alors c serait constant, et l'on rentrerait dans le cas où les plans des lignes de l'une des courbures sont parallèles. Alors on tire des équations précédentes

$$\gamma = \frac{l'}{c'}\lambda, \quad \alpha = \left(l - \frac{cl'}{c'}\right)\lambda;$$

λ ne peut être nul, car on aurait $\alpha = 0$, $\gamma = 0$, et les plans des lignes de la deuxième courbure seraient parallèles; il faut donc que $\dfrac{l'}{c'}$ et $l - \dfrac{cl'}{c'}$ soient constantes, et, par suite, que le rapport des quantités α et γ soit constant. Cela prouve que les plans des lignes de la deuxième courbure sont parallèles à une droite fixe qui est située dans le plan des xz. On peut prendre cette droite pour axe des x, et l'on aura

$$\alpha = 0.$$

L'équation de condition (6) devient alors

$$c\gamma = l\lambda.$$

On ne peut avoir $c = 0$ ni $\gamma = 0$, puisqu'on rentrerait dans le cas des plans parallèles. On a donc, en désignant par m une constante,

$$l = mc, \qquad \lambda = \frac{\gamma}{m}.$$

Il résulte de cette discussion que les solutions de l'équation (5) se réduisent, pour notre objet, à trois seulement, savoir :

$$1^\circ. \quad a = 0, \quad b = 1, \quad c = 0, \quad \alpha = 1, \quad 6 = 0, \quad \lambda = 0;$$

$$2^\circ. \quad a = 0, \quad b = 1, \quad c = 0, \quad l = -m, \quad 6 = -m\lambda;$$

$$3^\circ. \quad a = 1, \quad b = 0, \quad l = mc, \quad \alpha = 0, \quad 6 = 1, \quad \lambda = \frac{\gamma}{m};$$

m désigne partout une constante; les quantités dont la valeur n'est pas fixée, demeurent des fonctions arbitraires du paramètre t ou θ. Nous allons examiner successivement les trois cas auxquels on est ici conduit.

§ II.

Premier cas.

On a

$$a = 0, \quad b = 1, \quad c = 0, \quad \alpha = 1, \quad 6 = 0, \quad \lambda = 0;$$

si l'on fait, en outre,

$$l = - t, \quad u = f(t),$$
$$\gamma = 0, \quad \upsilon = \varphi(\theta),$$

f et φ désignant deux fonctions arbitraires, les équations (1), (2), (3), (4) du § Ier deviennent

$$(1) \qquad \begin{cases} y = f(t), \\ q = t\sqrt{1 + p^2 + q^2}\,; \end{cases}$$

$$(2) \qquad \begin{cases} x + \theta z = \varphi(\theta), \\ p = \theta. \end{cases}$$

L'élimination de t entre les équations (1), celle de θ entre les équations (2), donnent

$$(3) \qquad \begin{cases} y = f\left(\dfrac{q}{\sqrt{1 + p^2 + q^2}}\right), \\ x + pz = \varphi(p). \end{cases}$$

Chacune de ces équations aux différentielles premières renferme une fonction arbitraire et représente la surface cherchée. Elles constituent les deux intégrales intermédiaires d'une même équation différentielle partielle du deuxième ordre débarrassée d'arbitraires, et, par conséquent, en intégrant l'une quelconque d'entre elles, on obtiendra l'équation de la surface sous forme finie. Mais la connaissance des deux intégrales premières peut conduire, comme on sait, d'une manière plus rapide au résultat. Effectivement, la question se trouve alors ramenée à l'intégration de la seule équation

$$dz = pdx + qdy,$$

qui est aux différentielles ordinaires. Prenons t et θ pour variables indépendantes; les équations (1) et (2) donnent

$$p = 0, \qquad q = \frac{t\sqrt{1 + \theta^2}}{\sqrt{1 - t^2}},$$

$$dy = f'(t)\,dt, \qquad dx = -\theta dz - zd\theta + \varphi'(\theta)\,d\theta.$$

En portant ces valeurs de p, q, dx et dy dans l'équation

$$dz = pdx + qdy,$$

celle-ci devient

$$(4) \qquad dz\,\sqrt{1+\theta^2} + z\,\frac{\theta\,d\theta}{\sqrt{1+\theta^2}} = \frac{t\,f'(t)\,dt}{\sqrt{1-t^2}} + \frac{\theta\,\varphi'(\theta)\,d\theta}{\sqrt{1+\theta^2}},$$

équations dont les deux membres sont séparément intégrables. Pour éviter les signes d'intégration, nous prendrons, au lieu de $f(t)$ et $\varphi(\theta)$, deux autres fonctions arbitraires $F(t)$ et $\Phi(\theta)$ dont les dérivées $F'(t)$ et $\Phi'(\theta)$ soient telles que l'on ait

$$f(t) = (1-t^2)^{\frac{3}{2}}\,F'(t), \quad \varphi(\theta) = (1+\theta^2)^{\frac{3}{2}}\,\Phi'(\theta).$$

Intégrant alors l'équation (4), il vient

$$(5) \qquad z\sqrt{1+\theta^2} = [t(1-t^2)F'(t) - F(t)] + [\theta(1+\theta^2)\Phi'(\theta) - \Phi(\theta)];$$

d'ailleurs la première équation (4) et la première équation (2) peuvent s'écrire

$$(6) \qquad y = (1-t^2)^{\frac{3}{2}}\,F'(t),$$

$$(7) \qquad x + \theta z = (1+\theta^2)^{\frac{3}{2}}\,\Phi'(\theta),$$

et il est clair que l'équation de la surface cherchée sera le résultat de l'élimination de t et θ entre les équations (5), (6) et (7). On peut donner au résultat une forme plus élégante; en effet, si l'on élimine entre les équations (5), (6) et (7), les dérivées F' et Φ' des fonctions arbitraires, il vient

$$\frac{z-\theta x}{\sqrt{1+\theta^2}} - \frac{ty}{\sqrt{1-t^2}} + F(t) + \Phi(\theta) = 0;$$

cette équation peut remplacer l'équation (5), et il est aisé de voir qu'on reproduit les équations (6) et (7) en la différentiant d'abord par rapport à t, puis par rapport à θ. Si donc on fait

$$V = \frac{z-\theta x}{\sqrt{1+\theta^2}} - \frac{ty}{\sqrt{1-t^2}} + F(t) + \Phi(\theta),$$

l'équation de la surface cherchée sera le résultat de l'élimination de t et θ entre les trois

$$(8) \qquad V = 0, \quad \frac{dV}{dt} = 0, \quad \frac{dV}{d\theta} = 0.$$

On peut introduire p et q comme variables auxiliaires au lieu de t et θ. Si l'on désigne par U le produit de V par $\sqrt{1 + \theta^2}$, que l'on remplace t et θ par leurs valeurs en fonction de p et q, et, enfin, qu'on mette simplement $\Phi(\theta)$ au lieu de $\sqrt{1 + \theta^2}\, \Phi(\theta)$, on aura

$$U = z - px - qy + \sqrt{1 + p^2}\; F\left(\frac{q}{\sqrt{1 + p^2 + q^2}}\right) + \Phi(p),$$

et il est évident qu'on peut prendre

$$(9) \qquad U = 0, \quad \frac{dU}{dp} = 0, \quad \frac{dU}{dq} = 0,$$

à la place des équations (8).

Les surfaces représentées par les équations (8) ou (9) constituent un premier genre parmi celles dont toutes les lignes de courbure sont planes. Elles ont été étudiées par Monge, avec détail, dans son *Application de l'Analyse à la Géométrie* (cinquième édition, page 161). On trouvera dans cet ouvrage plusieurs générations élégantes de ces surfaces.

Dans l'analyse qui précède, nous avons pris la quantité — l pour le paramètre t; nous avons donc exclu le cas de — $l =$ une constante m. Dans ce cas, les équations qui doivent remplacer les équations (3) aux différentielles premières, sont évidemment

$$q = m\sqrt{1 + p^2 + q^2},$$
$$x + pz = \varphi(p);$$

φ désignant une fonction arbitraire. La première équation a lieu entre p et q, d'où il suit que la surface dont il s'agit est développable. La valeur de q en fonction de p est

$$q = \frac{m}{\sqrt{1 - m^2}}\sqrt{1 + p^2};$$

si donc Φ désigne une fonction arbitraire, et que l'on fasse

$$U = z - px - \frac{m\sqrt{1+p^2}}{\sqrt{1-m^2}}\,y + \Phi(p),$$

l'équation de la surface sera le résultat de l'élimination de p entre les deux

$$U = 0, \quad \frac{dU}{dp} = 0.$$

Il est aisé de vérifier que ces deux équations entraîneront

$$x + pz = \varphi(p),$$

si l'on détermine la fonction arbitraire Φ de manière que l'on ait

$$(1 + p^2)\,\Phi'(p) - p\,\Phi(p) = \varphi(p).$$

Nous avons encore exclu le cas de $\gamma = $ constante, puisque nous avons pris γ pour le paramètre θ. Mais comme l'équation (4) du § Ier donne $p = \gamma$, on voit que le cas de γ constante est celui des surfaces cylindriques, qui peuvent être considérées comme un cas particulier des surfaces développables dont il vient d'être question.

§ III.

Deuxième cas.

La deuxième solution de l'équation (5) du § Ier est

$$a = 0, \quad b = 1, \quad c = 0, \quad l = -m, \quad 6 = -m\,\lambda,$$

m désignant une constante. Les équations relatives aux lignes de la première courbure ne renferment que la seule quantité arbitraire u qui peut être prise égale au paramètre t; la seconde de ces équations, qui est

$$q = m\sqrt{1 + p^2 + q^2},$$

ne renferme aucune trace du paramètre t; par suite, elle appartient à tous les points de la surface, laquelle n'est autre, comme on voit, que la surface développable considérée au § II.

Les deux équations relatives aux lignes de la deuxième courbure renferment *trois* arbitraires, fonctions du paramètre θ. Cela provient de ce que les plans des lignes de la deuxième courbure sont essentiellement indéterminés; effectivement, ces lignes de courbure sont les génératrices rectilignes de la surface, et, par suite, leurs plans ne sont pas complétement déterminés. On peut faire cesser cette indétermination en convenant que les plans dont il s'agit soient parallèles à une droite fixe prise à volonté; c'est ainsi que la surface développable, dont il est ici question, s'est présentée naturellement comme un cas particulier de l'hypothèse discutée au § II.

La deuxième des trois solutions de l'équation (5) du § Ier ne peut donc donner aucune surface nouvelle.

§ IV.

Troisième cas.

On a ici

$$a = 1, \quad b = 0, \quad l = mc, \quad a = 0, \quad 6 = 1, \quad \lambda = \frac{\gamma}{m},$$

m désignant une constante. Les quantités c et γ ne peuvent être supposées constantes ni l'une ni l'autre, car alors on rentrerait dans le cas du § II; nous ferons, en conséquence,

$$c = -t, \quad u = f(t),$$
$$\gamma = -\theta, \quad v = \varphi(\theta),$$

f et φ désignant deux fonctions arbitraires; les équations (1), (2), (3), (4) du § Ier deviennent alors

(1)
$$\begin{cases} x = \theta z + f(t), \\ p + t = ml\sqrt{1 + p^2 + q^2}, \end{cases}$$

(2)
$$\begin{cases} y = \theta z + \varphi(\theta), \\ q + \theta = \dfrac{\theta}{m}\sqrt{1 + p^2 + q^2}. \end{cases}$$

On aura les deux équations de la surface aux différentielles premières en éliminant t entre les équations (1) et θ entre les équations (2); on trouve ainsi

$$(3) \quad \begin{cases} x = \dfrac{pz}{-1 + m\sqrt{1+p^2+q^2}} + f\left(\dfrac{p}{-1 + m\sqrt{1+p^2+q^2}}\right), \\[3mm] y = \dfrac{mqz}{-m + \sqrt{1+p^2+q^2}} + \varphi\left(\dfrac{mq}{-m + \sqrt{1+p^2+q^2}}\right); \end{cases}$$

mais il vaut mieux, pour obtenir l'équation sous forme finie, se servir des équations (1) et (2), en opérant comme au § II. Les équations (1) et (2) donnent, en prenant t et θ pour variables indépendantes,

$$p = \frac{(m^2-1)t\sqrt{m^2+(m^2-1)\theta^2}}{\sqrt{m^2+(m^2-1)\theta^2} - m^2\sqrt{1-(m^2-1)t^2}},$$

$$q = \frac{(m^2-1)\theta\sqrt{1-(m^2-1)t^2}}{\sqrt{m^2+(m^2-1)\theta^2} - m^2\sqrt{1-(m^2-1)t^2}},$$

$$dx = tdz + zdt + f'(t)dt,$$

$$dy = \theta dz + zd\theta + \varphi'(\theta)d\theta.$$

Portant ces valeurs de p, q, dx et dy dans l'équation

$$dz = pdx + qdy,$$

celle-ci devient

$$\frac{1}{m^2-1}\left(\sqrt{m^2+(m^2-1)\theta^2} - \sqrt{1-(m^2-1)t^2}\right)dz + \left(\frac{tdt}{\sqrt{1-(m^2-1)t^2}} + \frac{\theta d\theta}{\sqrt{m^2+(m^2-1)\theta^2}}\right)z$$

$$+ \frac{tf'(t)dt}{\sqrt{1-(m^2-1)t^2}} + \frac{\theta\varphi'(\theta)d\theta}{\sqrt{m^2+(m^2-1)\theta^2}} = 0.$$

Intégrant, il vient

$$(4) \quad \begin{cases} \dfrac{\sqrt{m^2+(m^2-1)\theta^2} - \sqrt{1-(m^2-1)t^2}}{m^2-1} \\[3mm] + \displaystyle\int \dfrac{tf'(t)dt}{\sqrt{1-(m^2-1)t^2}} + \int \dfrac{\theta\varphi'(\theta)d\theta}{\sqrt{m^2+(m^2-1)\theta^2}} = 0. \end{cases}$$

La surface cherchée sera donc représentée par le système formé de la première équation (1), de la première équation (2) et de l'équation (4). On peut débarrasser le résultat des signes d'intégration qu'il renferme. Désignons, en effet, par $F(t)$ et $\Phi(\theta)$ deux nouvelles fonctions arbitraires, par $F'(t)$ et $\Phi'(\theta)$ les dérivées de ces fonctions, et posons

$$f(t) = [1 - (m^2 - 1)t^2]^{\frac{3}{2}} F'(t),$$

$$\varphi(\theta) = \frac{1}{m^2} [m^2 + (m^2 - 1)\theta^2]^{\frac{3}{2}} \Phi'(\theta) ;$$

l'équation (4) devient

$$(5) \quad \begin{cases} \dfrac{\sqrt{m^2 + (m^2 - 1)\theta^2} - \sqrt{1 - (m^2 - 1)t^2}}{m^2 - 1} z + t[1 - (m^2 - 1)t^2]F'(t) - F(t) \\[2ex] + \dfrac{1}{m^2} \theta[m^2 + (m^2 - 1)\theta^2]\Phi'(\theta) - \Phi(\theta) = 0. \end{cases}$$

D'ailleurs la première équation (1) et la première équation (2) peuvent s'écrire ainsi :

$$(6) \quad x = tz + [1 - (m^2 - 1)t^2]^{\frac{3}{2}} F'(t),$$

$$(7) \quad y = \theta z + \frac{1}{m^2} [m^2 + (m^2 - 1)\theta^2]^{\frac{3}{2}} \Phi'(\theta).$$

Si l'on élimine F' et Φ' entre les équations (5), (6) et (7), il vient

$$\frac{1}{m^2 - 1} \left[\frac{1}{\sqrt{1 - (m^2 - 1)t^2}} - \frac{m^2}{\sqrt{m^2 + (m^2 - 1)\theta^2}} \right] z$$
$$- \frac{tx}{\sqrt{1 - (m^2 - 1)t^2}} - \frac{\theta y}{\sqrt{m^2 + (m^2 - 1)\theta^2}} + [F(t) + \Phi(\theta)] = 0.$$

Cette équation peut remplacer l'équation (5), et il est aisé de voir qu'en la différentiant par rapport à t et par rapport à θ, on reproduira les équations (6) et (7). Si donc on pose

$$V = \frac{1}{m^2 - 1} \left[\frac{1}{\sqrt{1 - (m^2 - 1)t^2}} - \frac{m^2}{\sqrt{m^2 + (m^2 - 1)\theta^2}} \right] z$$
$$- \frac{t}{\sqrt{1 - (m^2 - 1)t^2}} x - \frac{\theta}{\sqrt{m^2 + (m^2 - 1)\theta^2}} y + [F(t) + \Phi(\theta)],$$

l'équation de la surface cherchée sera le résultat de l'élimination de t et θ entre les trois équations

$$(8) \qquad V = 0, \qquad \frac{dV}{dt} = 0, \qquad \frac{dV}{d\theta} = 0.$$

Les surfaces représentées par ces équations (8) constituent un second genre de surfaces dont toutes les lignes de courbure sont planes. Il faut cependant remarquer qu'on pourrait en déduire les surfaces qui composent le premier genre en supposant $m = 0$ ou $m = \infty$, et en opérant préalablement quelques transformations indispensables.

<h2 align="center">§ V.</h2>

Il est bon de remarquer que :

Si dans une surface les lignes de courbure de l'un des systèmes sont planes, la même chose a lieu pour toutes les surfaces parallèles à la première, c'est-à-dire pour toutes les surfaces qui ont les mêmes normales.

Considérons, en effet, une surface qui ait une ligne de courbure plane, et soit

$$ax + by + cz = u$$

l'équation du plan de cette ligne. On aura, pour tous les points de la ligne de courbure dont il s'agit, les deux équations

$$(1) \qquad \begin{cases} ax + by + cz = u, \\ -ap - bq + c = l \sqrt{1 + p^2 + q^2}, \end{cases}$$

où a, b, c, u et l sont des constantes.

Cela posé, si l'on prend une longueur constante k sur chacune des normales de la surface donnée et à partir de cette surface, l'extrémité de la longueur k sera sur une surface parallèle. Les valeurs de p et q sont les mêmes pour un point de la surface donnée et pour le point correspondant de la surface parallèle ; en outre, on passe du premier point au second en remplaçant x, y, z par

$$x - \frac{kp}{\sqrt{1 + p^2 + q^2}}, \qquad y - \frac{kq}{\sqrt{1 + p^2 + q^2}}, \qquad z + \frac{k}{\sqrt{1 + p^2 + q^2}};$$

en faisant cette substitution dans les équations (1), il vient

$$(2) \quad \left\{ \begin{array}{l} ax + by + cz = u - kl, \\ -ap - bq + c = l\sqrt{1 + p^2 + q^2}. \end{array} \right.$$

Ces équations (2) appartiennent à une ligne tracée sur la surface parallèle à la surface donnée. Il est évident que cette ligne est plane et qu'elle est une ligne de courbure.

La série des normales à une surface, menées par les différents points d'une ligne de courbure plane, détermine donc des lignes de courbure planes sur toutes les surfaces parallèles. Donc, en particulier, si dans une surface les lignes de courbure de l'un des systèmes sont planes, la même chose aura lieu pour toutes les surfaces parallèles.

DEUXIÈME PARTIE.

DES SURFACES DONT LES LIGNES DE COURBURE SONT PLANES DANS UN SYSTÈME ET SPHÉRIQUES DANS L'AUTRE.

§ Ier.

Il est nécessaire de rappeler ici, avant d'entrer en matière, en quoi consiste la transformation dite *par rayons vecteurs réciproques*.

Étant donné un système de points M, M', M'',..., si l'on joint ces points à un point quelconque O, et que sur les directions des rayons vecteurs OM, OM', O M'',... on prenne des longueurs $O M_1$, $O M'_1$, $O M''_1$,... telles que l'ont ait

$$OM_1 = \frac{k}{OM}, \quad OM'_1 = \frac{k}{OM'}, \quad OM''_1 = \frac{k}{OM''}, \dots,$$

k désignant une constante, les points M_1, M'_1, M''_1,.. formeront une figure déduite de celle qui est formée par les points M, M', M'',... au moyen d'une *transformation par rayons vecteurs réciproques*. Le point O est dit le centre de la transformation.

En appliquant cette transformation par rayons vecteurs réciproques à un plan ou à une sphère, on obtient une sphère, à moins que le centre de la transformation ne soit sur le plan donné ou sur la sphère donnée, auquel cas la figure transformée est un plan. Il s'ensuit que la même transformation change une ligne droite ou une circonférence en une circonférence, à moins que la droite donnée ou la circonférence donnée ne passe par le centre de transformation, auquel cas la ligne transformée est droite.

La propriété la plus remarquable de la transformation par rayons vecteurs réciproques consiste dans la conservation des angles ; en d'autres termes, si deux lignes se coupent, dans une figure, sous un certain angle, les lignes correspondantes d'une autre figure, déduite de la première au moyen de notre transformation, se couperont sous le même angle. Et il résulte de là que :

Si deux surfaces sont déduites l'une de l'autre, au moyen de la transformation par rayons vecteurs réciproques, les lignes de courbure de l'une des surfaces sont les transformées des lignes de courbure de l'autre (*).

De ce qui précède, on déduit immédiatement que :

Si une surface a une ligne de courbure sphérique, la sphère sur laquelle se trouve cette ligne de courbure coupe la surface partout sous le même angle ; réciproquement, si une sphère coupe une surface partout sous le même angle, l'intersection est une ligne de courbure de la surface.

En effet, si l'on effectue une transformation par rayons vecteurs réciproques, en plaçant le centre de transformation en un point de la ligne qu'il faut considérer sur la surface, cette ligne devient plane, les angles sont conservés et l'on rentre dans les conditions du théorème de M. Joachimsthal, théorème qui reçoit ainsi, comme on voit, une extension remarquable.

Il résulte de ce dernier théorème que :

Si dans une surface les lignes de courbure de l'un des systèmes sont sphériques, la même chose a lieu pour toutes les surfaces parallèles à la première.

§ II.

Ces préliminaires établis, nous allons procéder à la recherche des surfaces dont les lignes de courbure sont planes dans un système et sphériques dans l'autre.

(*) *Voir* un Mémoire de M. Liouville, inséré au tome XII des *Comptes rendus de l'Académie des sciences*, page 265.

Soient x, y, z les coordonnées rectangulaires de la surface cherchée, p et q les dérivées partielles $\dfrac{dz}{dx}$, $\dfrac{dz}{dy}$, on aura les quatre équations

(1)
$$ax + by + cz = u,$$

(2)
$$-ap - bq + c = l\sqrt{1 + p^2 + q^2},$$

(3)
$$(x - \alpha)^2 + (y - \beta)^2 + (z - \gamma)^2 = \alpha^2 + \beta^2 + \gamma^2 + 2\upsilon,$$

(4)
$$-(x - \alpha)p - (y - \beta)q + (z - \gamma) = \lambda\sqrt{1 + p^2 + q^2}.$$

Dans les équations (1) et (2), qui appartiennent aux lignes de courbure planes, a, b, c, u et l sont des fonctions d'un paramètre t dont l'une peut être prise égale à 1 et une autre à t. Dans les équations (3) et (4), qui appartiennent aux lignes de courbure sphériques α, β, γ, υ, et λ sont des fonctions d'un second paramètre θ dont l'une peut être prise égale à θ.

Pour avoir l'équation qui exprime que les équations (1) et (3) appartiennent à des lignes de courbure de systèmes différents, soient dx, dy, dz les variations de x, y, z sur la première ligne de courbure, δx, δy, δz les variations sur la seconde ; on aura

$$dx\,\delta x + dy\,\delta y + dz\,\delta z = 0.$$

On peut chasser les six variations que renferme cette équation au moyen des suivantes :

$$a\,dx + b\,dy + c\,dz = 0, \quad dz = p\,dx + q\,dy;$$
$$(x - \alpha)\delta x + (y - \beta)\delta y + (z - \gamma)\delta z = 0, \quad \delta z = p\,\delta x + q\,\delta y;$$

il vient ainsi

$$(bp - aq)[(y - \beta)p - (x - \alpha)q] + (a + cp)[(x - \alpha) + (z - \gamma)p]$$
$$+ (b + cq)[(y - \beta) + (z - \gamma)q] = 0;$$

en ajoutant à cette équation celle que l'on obtient en multipliant, membre à membre, les équations (2) et (4), il vient

$$a(x - \alpha) + b(y - \beta) + c(z - \gamma) = l\lambda;$$

enfin, à cause de l'équation (1), celle-ci se réduit à

(5)
$$u = a\alpha + b\beta + c\gamma + l\lambda.$$

Pour mettre plus de clarté dans la discussion de l'équation (5) et pour n'omettre aucune de ses solutions, nous distinguerons quatre hypothèses qui sont les seules possibles et que nous allons examiner successivement.

1º *Les quantités α, β, γ sont liées par trois équations linéaires.* Dans cette hypothèse, α, β, γ sont déterminées ; les sphères qui contiennent les lignes de la seconde courbure sont concentriques, et en prenant leur centre commun pour origine des coordonnées, on aura

$$\alpha = 0, \quad \beta = 0, \quad \gamma = 0 ;$$

l'équation (5) se réduit alors à

$$u = l\lambda,$$

et elle exige que l'on ait

$$u = 0, \quad l = 0,$$

ou bien

$$\lambda = \text{une constante } m \quad u = ml.$$

On a donc ces deux solutions de l'équation (5),

$$\alpha = 0, \quad \beta = 0, \quad \gamma = 0, \quad u = 0, \quad l = 0,$$

et

$$\alpha = 0, \quad \beta = 0, \quad \gamma = 0, \quad \lambda = m, \quad u = ml.$$

2º *Les quantités α, β, γ sont liées par deux équations linéaires.* Dans cette deuxième hypothèse, les centres des sphères qui contiennent les lignes de la seconde courbure sont sur une droite fixe ; en prenant cette droite pour axe des z, on aura

$$\alpha = 0, \quad \beta = 0 ;$$

l'équation (5) se réduit alors à

$$u = c\gamma + l\lambda :$$

différentiant par rapport au paramètre θ dont γ et λ dépendent seules, il vient

$$0 = c\gamma' + l\lambda'.$$

γ' ne peut être nul, car autrement γ serait constant et l'on rentrerait dans la première hypothèse ; on tire alors des équations précédentes ces valeurs de c et u,

$$c = -\frac{\lambda'}{\gamma'} l, \quad u = \left(\lambda - \frac{\gamma\lambda'}{\gamma'}\right) l.$$

D'où il suit qu'on doit avoir

$$c=-\frac{1}{m}l, \quad u=nl, \quad \frac{\lambda'}{\gamma'}=\frac{1}{m}, \quad \lambda-\frac{\gamma\lambda'}{\gamma'}=n,$$

c'est-à-dire

$$c=-\frac{1}{m}l, \quad u=nl, \quad \lambda=\frac{1}{m}\gamma+n,$$

$\frac{1}{m}$ et n étant des constantes ; à moins que l'on n'ait

$$c=0, \quad u=0, \quad l=0.$$

Si c'est le premier cas qui a lieu, le résultat est susceptible de simplification. On peut effectivement supposer que l'une des constantes $\frac{1}{m}$ et n est nulle. En effet, si $\frac{1}{m}$ n'est pas nul, à cause de

$$c=-\frac{1}{m}l, \quad u=nl,$$

les plans des lignes de la première courbure passent par un point fixe de l'axe des z, axe qui contient les centres des sphères des lignes de l'autre courbure ; on peut prendre ce point fixe pour origine des coordonnées et alors on aura

$$u=0, \quad \text{c'est-à-dire} \quad n=0.$$

La deuxième hypothèse que nous examinons fournit donc ces trois solutions de l'équation (5) :

$$\alpha=0, \quad \mathfrak{b}=0, \quad \gamma=m\lambda, \quad c=-\frac{1}{m}l, \quad u=0;$$
$$\alpha=0, \quad \mathfrak{b}=0, \quad \lambda=m, \quad c=0, \quad u=ml;$$
$$\alpha=0, \quad \mathfrak{b}=0, \quad c=0, \quad u=0, \quad l=0,$$

m désignant une constante dans les deux premières solutions.

3° *Les quantités α, $\mathfrak{b}$, γ sont liées par une seule équation linéaire.* Dans cette troisième hypothèse, les centres des sphères qui contiennent les lignes de la deuxième courbure sont dans un plan fixe. Si l'on prend ce plan fixe pour celui des xz, on aura

$$\mathfrak{b}=0,$$

et l'équation (5) se réduit à

$$u = a\alpha + c\gamma + l\lambda;$$

en la différentiant deux fois par rapport à θ, on trouve

$$0 = a\alpha' + c\gamma' + l\lambda',$$
$$0 = a\alpha'' + c\gamma'' + l\lambda'';$$

on ne peut avoir

$$\alpha'\gamma'' - \gamma'\alpha'' = 0,$$

car il en résulterait une relation linéaire entre α et γ, et l'on rentrerait dans l'une des deux premières hypothèses; il s'ensuit que les trois équations précédentes donneront pour a, c et u des valeurs de la forme

$$a = Al, \quad c = Cl, \quad u = Ul,$$

A, C et U étant indépendants du paramètre t. Si l est nul, a, c et u le sont aussi ; on obtient ainsi une solution de l'équation (5), savoir,

$$b = 0, \quad a = 0, \quad c = 0, \quad u = 0, \quad l = 0;$$

cette solution est insignifiante et nous n'en tiendrons pas compte car elle ne donne évidemment d'autre surface que le plan $y = 0$. Ce cas mis de côté. on voit que A, C et U sont des constantes ; l'équation des plans des lignes de la première courbure devient

$$l(Ax + Cz - U) + by = 0 ;$$

elle ne renferme qu'un seul paramètre variable, savoir le rapport des quantités b et l ; il s'ensuit que les plans des lignes de la première courbure sont parallèles au plan des xz si A et C sont nuls tous deux, et que, dans le cas contraire, ces plans passent par une droite fixe située dans le plan xz.

Si les plans des lignes de la première courbure sont parallèles au plan xz, on a

$$a = 0, \quad c = 0;$$

l'équation (5) se réduit à

$$u = l\lambda,$$

ce qui exige que l'on ait

$$\lambda = \text{une constante } m, \quad u = ml.$$

Si, au contraire, les plans des lignes de la première courbure passent par une droite fixe située dans le plan xz, on peut prendre cette droite pour axe des z, et l'on a.

$$c = 0, \quad u = 0;$$

l'équation (5) se réduit à

$$a\alpha + l\lambda = 0.$$

On ne peut supposer ni $a = 0$ ni $\alpha = 0$; on a donc

$$l = ma, \quad \lambda = -\frac{1}{m}\alpha,$$

m désignant une constante. On obtient ainsi ces deux solutions de l'équation (5), savoir,

$$b = 0, \quad \lambda = m, \qquad a = 0, \quad c = 0, \quad u = ml;$$
$$b = 0, \quad \lambda = -\frac{1}{m}\alpha, \quad c = 0, \quad u = 0, \quad l = ma.$$

4° *Les quantités* α, b, γ *ne sont liées entre elles par aucune équation linéaire.* En différentiant trois fois, par rapport au paramètre θ, l'équation de condition

$$u = a\alpha + b\beta + c\gamma + l\lambda,$$

il vient

$$0 = a\alpha' + b\beta' + c\gamma' + l\lambda',$$
$$0 = a\alpha'' + b\beta'' + c\gamma'' + l\lambda'',$$
$$0 = a\alpha''' + b\beta''' + c\gamma''' + l\lambda'''.$$

Le déterminant

$$\begin{vmatrix} \alpha', & b', & \gamma', \\ \alpha'', & b'', & \gamma'', \\ \alpha''', & b''', & \gamma''', \end{vmatrix}$$

ne peut être nul, car autrement il y aurait une relation linéaire entre α, b, γ. On pourra donc tirer, des quatre équations précédentes, des valeurs de a, b, c et u, qui auront la forme

$$a = Al, \quad b = Bl, \quad c = Cl, \quad u = Ul,$$

A, B, C et U étant indépendants de t. L'hypothèse $l = 0$ donnerait $a = 0$, $b = 0$, $c = 0$, $u = 0$, solution insignifiante. En la rejetant, on voit que A, B, C et U sont constants; l'équation des plans qui contiennent les lignes de première courbure devient

$$Ax + By + Cz = U;$$

elle ne renferme plus de traces du paramètre t; par suite, notre quatrième hypothèse ne peut donner aucune surface autre que le plan.

Il résulte de cette discussion que l'équation (5) n'offre que sept solutions distinctes et utiles pour notre objet; savoir :

1°	$\alpha = 0,$	$\mathfrak{b} = 0,$	$\gamma = 0,$	$u = 0,$	$l = 0;$
2°	$\alpha = 0,$	$\mathfrak{b} = 0,$	$\gamma = 0,$	$\lambda = m,$	$u = ml;$
3°	$\alpha = 0,$	$\mathfrak{b} = 0,$	$\gamma = m\lambda,$	$c = -\dfrac{1}{m}l,$	$u = 0;$
4°	$\alpha = 0,$	$\mathfrak{b} = 0,$	$\lambda = m,$	$c = 0,$	$u = ml;$
5°	$\alpha = 0,$	$\mathfrak{b} = 0,$	$c = 0,$	$u = 0,$	$l = 0;$
6°	$\mathfrak{b} = 0,$	$\lambda = m,$	$a = 0,$	$c = 0,$	$u = ml;$
7°	$\mathfrak{b} = 0,$	$\lambda = -\dfrac{1}{m}\alpha,$	$c = 0,$	$u = 0,$	$l = ma.$

Nous allons étudier les surfaces qui correspondent à ces divers cas.

§ III.

Premier cas.

On a

$$\alpha = 0, \quad \mathfrak{b} = 0, \quad \gamma = 0, \quad u = 0, \quad l = 0;$$

si l'on fait, en outre,

$$a = t, \quad b = f(t), \quad c = -1, \quad 2v = \theta, \quad \lambda = \varphi(\theta),$$

f et φ désignant deux fonctions arbitraires, les équations (1), (2), (3), (4) du § II deviendront :

(1)
$$\begin{cases} z = tx + yf(t), \\ pt + qf(t) + 1 = 0; \end{cases}$$

(2)
$$\begin{cases} x^2 + y^2 + z^2 = \theta, \\ z - px - qy = \varphi(\theta)\sqrt{1 + p^2 + q^2}. \end{cases}$$

Si l'on résout les équations (1) par rapport à t et $f(t)$, on trouve

$$\frac{y + qz}{qx - py} = t, \quad \frac{x + pz}{qx - py} = -f(t);$$

éliminant t, il vient

$$(3) \qquad \frac{x + pz}{qx - py} + f\left(\frac{y + qz}{qx - py}\right) = 0.$$

Cette équation est l'une des deux équations aux différentielles premières de la surface. On aura l'autre équation aux différentielles premières en éliminant θ entre les équations (2) ; il vient ainsi

$$(4) \qquad z - px - qy = \sqrt{1 + p^2 + q^2}\ \varphi\ (x^2 + y^2 + z^2)\cdot$$

On obtiendrait l'équation de la surface sous forme finie en intégrant l'une ou l'autre des équations (3) et (4) ; mais il vaut mieux faire usage des quatre équations (1) et (2). Nous mettrons a et b au lieu de t et $f\ (t)$ dans les équations (1), et nous considérerons a et b comme des fonctions quelconques du paramètre t. Nous déterminerons ultérieurement ces deux quantités qui ne doivent contenir qu'une fonction arbitraire, de manière à présenter le résultat sous la forme la plus simple possible. Les équations dont nous ferons usage sont donc

$$(5) \qquad \begin{cases} z = ax + by, \\ ap + bq + 1 = 0, \\ x^2 + y^2 + z^2 = \theta, \\ z - px - qy = \varphi\ (\theta)\ \sqrt{1 + p^2 + q^2}. \end{cases}$$

La deuxième équation (5) et l'équation

$$dz = pdx + qdy$$

donnent les valeurs suivantes de p et de q,

$$p = -\frac{dy + bdz}{ady - bdx}, \qquad q = \frac{dx + adz}{ady - bdx};$$

en portant ces valeurs dans la quatrième équation (5), il vient

$$a\,(zdy - ydz) + b(xdz - zdx) - (ydx - xdy)$$
$$= \varphi\ (\theta)\ \sqrt{(a^2 + b^2 + 1)(dx^2 + dy^2 + dz^2) - (dz - adx - bdy)^2}.$$

Cette équation est l'équation différentielle ordinaire de la surface cherchée ; dx, dy, dz y désignent les variations infiniment petites des coordonnées x, y, z d'un point qui se déplace sur la surface en suivant une direction arbitraire. Si le déplacement dont il s'agit se fait sur la ligne de première courbure, on a

$$dz - adx - bdy = 0,$$

et l'équation précédente devient

$$(6) \quad \left\{ \begin{aligned} &\frac{a}{\sqrt{1+a^2+b^2}}(zdy - ydz) + \frac{b}{\sqrt{1+a^2+b^2}}(xdz - zdx) \\ &+ \frac{-1}{\sqrt{1+a^2+b^2}}(ydx - xdy) = \varphi(\theta)\,\sqrt{dx^2+dy^2+dz^2}. \end{aligned} \right.$$

$zdy - ydz$, $xdz - zdx$ et $ydx - xdy$ sont les projections, sur les trois plans coordonnés, du double de l'aire infiniment petite décrite par le rayon vecteur de la ligne de première courbure; le premier membre de l'équation précédente représente donc le double de cette aire elle-même, et il aura pour valeur $y'dx' - x'dy'$, si l'on désigne par x', y' des coordonnées rectangulaires situées dans le plan de la ligne de courbure et ayant même origine que les coordonnées x, y, z. Alors on a évidemment

$$\theta = x^2 + y^2 + z^2 = x'^2 + y'^2, \qquad dx^2 + dy^2 + dz^2 = dx'^2 + dy'^2;$$

par conséquent, l'équation (6) se réduit à

$$(7) \qquad y'dx' - x'dy' = \varphi(\theta)\,\sqrt{dx'^2+dy'^2},$$

et on a, nous le répétons,

$$\theta = x'^2 + y'^2.$$

Nous prendrons pour fonction arbitraire, au lieu de $\varphi(\theta)$, une fonction $\Phi(\theta)$, telle que

$$(8) \qquad \varphi = \frac{\Phi - 2\theta\Phi'}{\sqrt{1 - 4\theta\Phi' + 4\theta\Phi'^2}},$$

Φ' étant la dérivée de Φ; on trouve alors aisément que l'intégrale de l'équation (7) est

$$(9) \qquad x'\cos g - y'\sin g = \Phi(\theta).$$

g désigne la constante arbitraire introduite par l'intégration; mais il faut remarquer que cette constante peut varier avec le paramètre t. Quoi qu'il en soit, l'équation (9) exprime que les lignes de courbure planes sont égales entre elles; effectivement, chacune de ces lignes est définie par cette propriété, que *la projection du rayon vecteur sur une droite fixe est égale à une même fonction* Φ *du carré de ce rayon vecteur*. Nous supposerons que la droite fixe dont il s'agit fasse avec les axes des x, des y et des z des angles dont les cosinus soient proportionnels à t, $f(t)$ et 1; la fonction arbitraire du paramètre t, qui doit entrer dans l'équation finale, est ainsi fixée. Revenant aux coordonnées x, y, z, l'équation (9) devient

$$z + tx + fy = \sqrt{1 + t^2 + f^2}\,\Phi(0).$$

Nous la représenterons simplement par

$$(10) \qquad\qquad V = 0,$$

en posant

$$(11) \qquad\qquad V = z + tx + fy - \sqrt{1 + t^2 + f^2}\,\Phi(x^2 + y^2 + z^2).$$

Il s'agit maintenant de déterminer a et b en fonction de t et f; cela fait, l'équation (10) et la première équation (5) feront connaître la surface cherchée.

Remarquons d'abord que la droite qui fait avec les axes des angles dont les cosinus sont proportionnels à t, $f(t)$ et 1 est située dans le plan représenté par la première équation (5); on a donc

$$(12) \qquad\qquad at + bf = 1.$$

En second lieu, différentions l'équation (10) et la première équation (5); il vient

$$dz + tdx + fdy - 2(xdx + ydy + zdz)\sqrt{1 + t^2 + f^2}\,\Phi' + \frac{dV}{dt}dt = 0,$$

$$dz - adx - bdy = (a'x + b'y)dt;$$

d'où, en éliminant dt,

$$(13) \qquad \left\{ \begin{aligned} &dz + tdx + fdy - 2(xdx + ydy + zdz)\sqrt{1 + t^2 + f^2}\,\Phi' \\ &\quad + \frac{dz - adx - bdy}{a'x + b'y}\frac{dV}{dt} = 0. \end{aligned} \right.$$

Cette équation, qui ne renferme que les différentielles des coordonnées x, y, z, doit être identique avec

$$dz = pdx + qdy;$$

on doit donc trouver une équation identique en vertu de celles déjà formées, en portant dans la deuxième équation (5) les valeurs de p et de q tirées de l'équation (13) : or il est aisé de voir qu'on obtiendra le même résultat en remplaçant, dans l'équation (13), dx, dy et dz par a, b et — 1 respectivement. On trouve ainsi, en ayant égard à l'équation (12) et à la première équation (5),

$$(14) \qquad \frac{d\mathrm{V}}{dt} = 0.$$

Ainsi les valeurs de a et de b en fonction de t et de f doivent être telles que la première équation (5), l'équation (10) et l'équation (14) appartiennent toutes trois à la surface. Mais les deux dernières équations ne renferment ni a ni b ; il est dès lors inutile de déterminer leurs valeurs, et l'équation de la surface cherchée s'obtiendra en éliminant t entre les équations

$$(15) \qquad \mathrm{V} = 0, \qquad \frac{d\mathrm{V}}{dt} = 0.$$

La surface dont nous venons de former les équations est celle dont toutes les normales sont tangentes à la surface d'un cône à base arbitraire. Elle a été étudiée par Monge, qui en a fait connaître diverses propriétés dans son *Application de l'Analyse à la Géométrie* (cinquième édition, page 286) ; elle constitue un premier genre parmi les surfaces que nous examinons dans cette deuxième partie de notre Mémoire.

§ IV.

Deuxième cas.

On a

$$\alpha = 0, \qquad \ell = 0, \qquad \gamma = 0, \qquad \lambda = m, \qquad u = ml ;$$

les équations relatives aux lignes de la première courbure sont

$$ax + by + cz = ml,$$
$$- ap - bq + c = l \sqrt{1 + p^2 + q^2}.$$

On peut faire l'une des quantités a, b, c, l égale à 1, et l'une des trois autres égale à t ; les deux dernières demeurent des fonctions indéterminées du paramètre t. Au contraire, les équations qui se rapportent aux lignes de courbure sphériques ne renferment que la seule arbitraire $2u$, qui peut être prise pour le paramètre des lignes de seconde courbure. Ces équations sont, en effet,

$$x^2 + y^2 + z^2 = 2v,$$
$$z - px - qy = m\sqrt{1 + p^2 + q^2}.$$

La seconde ne renferme pas le paramètre v; la surface dont il s'agit a donc l'équation

$$(1) \qquad z - px - qy = m\sqrt{1 + p^2 + q^2};$$

cette surface est développable, les lignes de la première courbure sont les génératrices droites, et, par suite, les plans de ces lignes sont essentiellement indéterminés.

Si l'on désigne par t un paramètre, par $f(t)$ une fonction arbitraire, et qu'on fasse

$$V = z + tx + fy - m\sqrt{1 + t^2 + f^2},$$

l'équation de la surface cherchée sera le résultat de l'élimination de t entre les deux équations

$$V = 0, \qquad \frac{dV}{dt} = 0.$$

Il est aisé de voir que l'arête de rebroussement de cette surface développable est située sur la sphère de rayon m. Dans le cas particulier de $m = 0$, on obtient les surfaces coniques à base arbitraire.

La surface dont nous nous occupons est comprise dans celles qui forment le premier genre et que nous avons étudiées au paragraphe précédent. On l'obtient en supposant $\Phi = m$ dans les équations (15) de ce paragraphe.

Il faut remarquer que l'analyse ne peut ici déterminer les plans des lignes de la première courbure, mais on est le maître d'assujettir ces plans à passer par un point fixe. Tout devient alors déterminé et l'on rentre dans l'analyse du § III.

§ V.

Troisième cas.

$$\alpha = 0, \quad \delta = 0, \quad \gamma = m\lambda, \quad c = -\frac{1}{m}l, \quad u = 0;$$

si l'on fait, en outre,

$$a = t, \quad b = f(t), \quad c = -1, \quad 2v = 0, \quad \lambda = \varphi(\theta),$$

f et φ désignant deux fonctions arbitraires, les équations (1), (2), (3), (4) du § II deviennent :

$$(1) \qquad \begin{cases} z = tx + yf(t), \\ pt + qf(t) + 1 = -m\sqrt{1 + p^2 + q^2}; \end{cases}$$

$$(2) \qquad \begin{cases} x^2 + y^2 + z^2 - 2mz\varphi(\theta) = 0, \\ z - px - qy = \left(m + \sqrt{1 + p^2 + q^2}\right)\varphi(\theta). \end{cases}$$

Si l'on élimine t entre les équations (1), θ entre les équations (2), on aura les deux équations aux différentielles premières de la surface dont nous nous occupons ; savoir,

$$(3) \qquad \frac{pz + x\left(1 + m\sqrt{1 + p^2 + q^2}\right)}{qx - py} + f\left[\frac{qz + y\left(1 + m\sqrt{1 + p^2 + q^2}\right)}{qx - py}\right] = 0,$$

$$(4) \qquad \frac{z - px - qy}{m + \sqrt{1 + p^2 + q^2}} = \varphi\left(x^2 + y^2 + z^2 - 2mz\,\frac{z - px - qy}{m + \sqrt{1 + p^2 + q^2}}\right).$$

Ces équations sont trop compliquées pour servir utilement à la recherche de l'équation sous forme finie. Il vaut mieux conserver les équations (1) et (2) ; mais ici, comme au § III, nous remettrons a et b au lieu de t et $f(t)$, nous réservant de déterminer ultérieurement la fonction arbitraire du paramètre t qui doit entrer dans le résultat final. Les équations que nous emploierons sont donc

$$(5) \qquad \begin{cases} z = ax + by, \\ ap + bq + 1 = -m\sqrt{1 + p^2 + q^2}, \\ x^2 + y^2 + z^2 - 2mz\varphi = 0, \\ z - px - qy = \left(m + \sqrt{1 + p^2 + q^2}\right)\varphi. \end{cases}$$

Différentiant la dernière équation (5), il vient

$$- x\,dp - y\,dq = \left(m + \sqrt{1 + p^2 + q^2}\right)\varphi'\,d\theta + \frac{p\,dp + q\,dq}{\sqrt{1 + p^2 + q^2}}\,\varphi;$$

si donc on prend p et q pour variables indépendantes, on aura

$$(6) \qquad x = -\left(m + \sqrt{1 + p^2 + q^2}\right)\varphi'\,\frac{d\theta}{dp} - \varphi\,\frac{p}{\sqrt{1 + p^2 + q^2}},$$

$$(7) \qquad y = -\left(m + \sqrt{1 + p^2 + q^2}\right)\varphi'\,\frac{d\theta}{dq} - \varphi\,\frac{q}{\sqrt{1 + p^2 + q^2}};$$

portant ces valeurs de x et y dans la dernière équation (5), il vient

$$(8) \qquad z = -(m + \sqrt{1 + p^2 + q^2})\varphi' \cdot \left(p\,\frac{d\theta}{dp} + q\,\frac{d\theta}{dq}\right) + \varphi\,\frac{1 + m\sqrt{1 + p^2 + q^2}}{\sqrt{1 + p^2 + q^2}}.$$

Substituons à x, y et z les valeurs précédentes dans la première équation (5) et dans la troisième, il viendra, en ayant égard à la deuxième équation (5),

$$(9) \qquad (a - p)\frac{d\theta}{dp} + (b - q)\frac{d\theta}{dq} = 0,$$

$$(10) \qquad \left\{ = (m + \sqrt{1 + p^2 + q^2})^2 \varphi'^2 \left[\left(\frac{d\theta}{dp}\right)^2 + \left(\frac{d\theta}{dq}\right)^2 + \left(p\,\frac{d\theta}{dp} + q\,\frac{d\theta}{dq}\right)^2 \right] \right. = (m^2 - 1)\varphi^2 + \theta $$

Des équations (9) et (10) on tire, en ayant égard à la deuxième équation (5),

$$\frac{d\theta}{dp} = (b - q)\,\frac{\sqrt{(m^2 - 1)\varphi^2 + \theta}}{\varphi' \cdot (m + \sqrt{1 + p^2 + q^2})\sqrt{1 + p^2 + q^2}\sqrt{a^2 + b^2 + 1 - m^2}},$$

$$\frac{d\theta}{dq} = -(a - p)\,\frac{\sqrt{(m^2 - 1)\varphi^2 + \theta}}{\varphi' \cdot (m + \sqrt{1 + p^2 + q^2})\sqrt{1 + p^2 + q^2}\sqrt{a^2 + b^2 + 1 - m^2}}.$$

Si l'on porte ces valeurs de $\frac{d\theta}{dp}$ et $\frac{d\theta}{dq}$ dans l'équation

$$d\theta = \frac{d\theta}{dp}dp + \frac{d\theta}{dq}dq,$$

il viendra

$$(11) \qquad \frac{\varphi'\,d\theta}{\sqrt{(m^2 - 1)\varphi^2 + \theta}} = \frac{(b - q)\,dp - (a - p)\,dp}{(m + \sqrt{1 + p^2 + q^2})\sqrt{1 + p^2 + q^2}\sqrt{a^2 + b^2 + 1 - m^2}}.$$

Au moyen de la deuxième équation (5) on peut ramener le second membre de l'équation (11) à ne plus contenir que deux variables, et, par suite, à être une différentielle exacte, puisque le premier membre en est une. Voici, je crois, le moyen le plus simple de faire le calcul. Soit ζ une nouvelle variable, telle que

$$(12) \qquad \sin \zeta = \frac{\sqrt{a^2 + b^2 + 1 - m^2}}{\sqrt{a^2 + b^2}} \cdot \frac{1 + m\sqrt{1 + p^2 + q^2}}{m + \sqrt{1 + p^2 + q^2}}.$$

De l'équation (12) jointe à la deuxième équation (5), on peut tirer les valeurs de p et de q en fonction des deux variables ζ et t; on aura ensuite aisément leurs différentielles, et en substituant dans l'équation (11), il viendra

$$(13) \qquad \frac{\sqrt{1 - m^2}\, \varphi'\, d\theta}{\sqrt{(m^2 - 1)\varphi^2 + \theta}} + \frac{\sqrt{1 - m^2}\,(ba' - ab')\,dt}{(a^2 + b^2)\sqrt{a^2 + b^2 + 1 - m^2}} + d\zeta = 0,$$

équation où les variables sont séparées et qui est, par conséquent, immédiatement intégrale.

Pour avoir un résultat débarrassé de signes d'intégration, nous prendrons, au lieu de $\varphi(\theta)$, une autre fonction arbitraire $\Phi(\theta)$, telle que l'on ait

$$(14) \qquad \varphi = \frac{\Phi - 2\theta\Phi'}{\sqrt{1 - 4(1 - m^2)\Phi\Phi' + 4(1 - m^2)\theta\Phi'^2}},$$

et, par suite,

$$\sqrt{(m^2 - 1)\varphi^2 + \theta} = \frac{\sqrt{(m^2 - 1)\Phi^2 + \theta}}{\sqrt{1 - 4(1 - m^2)\Phi\Phi' + 4(1 - m^2)\theta\Phi'^2}}$$

$$\frac{\varphi}{\sqrt{(m^2 - 1)\varphi^2 + \theta}} = \frac{\Phi - 2\theta\Phi'}{\sqrt{(m^2 - 1)\Phi^2 + \theta}}.$$

Nous ferons aussi, pour abréger,

$$(15) \qquad \begin{cases} \dfrac{\varphi\sqrt{1 - m^2}}{\sqrt{\theta}} = \sin\Theta_0, \quad \dfrac{\sqrt{(m^2 - 1)\varphi^2 + \theta}}{\sqrt{\theta}} = \cos\Theta_0, \\[2ex] \dfrac{\Phi\sqrt{1 - m^2}}{\sqrt{\theta}} = \sin\Theta, \quad \dfrac{\sqrt{(m^2 - 1)\Phi^2 + \theta}}{\sqrt{\theta}} = \cos\Theta, \end{cases}$$

équations d'où l'on déduit immédiatement, par la différentiation,

$$(16) \qquad d\Theta_0 - d\Theta = \frac{\sqrt{1 - m^2}\, \varphi'\, d\theta}{\sqrt{(m^2 - 1)\varphi^2 + \theta}}.$$

Il reste encore a indiquer quelle sera la fonction arbitraire f du paramètre t qui doit entrer dans le résultat; nous la définirons en posant

$$(17) \qquad \begin{cases} a = \dfrac{1 + t^2 + f^2 + m\sqrt{1 + t^2 + f^2}}{t + ff'} - t, \\[2ex] b = \dfrac{1 + t^2 + f^2 + m\sqrt{1 + t^2 + f^2}}{t + ff'}\, f' - f; \end{cases}$$

équations d'où l'on tire aisément

$$(18) \qquad a^2 + b^2 + 1 - m^2 = \frac{\left(m + \sqrt{1 + t^2 + f^2}\right)^2 \left[1 + f'^2 + (tf' - f)^2\right]}{(t + ff')^2},$$

puis

$$(19) \quad \left\{ \frac{ba' - ab'}{\sqrt{a^2 + b^2 + 1 - m^2}} = - \frac{(tf' - f)\sqrt{1 + f'^2 + (tf' - f)^2}}{(t + ff')\sqrt{1 + t^2 + f^2}} \right.$$
$$- \frac{f''\left(1 - m\sqrt{1 + t^2 + f^2}\right)\sqrt{1 + t^2 + f^2}}{(t + ff')\sqrt{1 + f'^2 + (tf' - f)^2}}.$$

Or si l'on fait, pour abréger,

$$(20) \quad \left\{ \begin{array}{l} \dfrac{\left(1 + m\sqrt{1 + t^2 + f^2}\right)\sqrt{1 + f'^2 + (tf' - f)^2}}{(t + ff')\sqrt{a^2 + b^2}} = \sin T, \\[2em] \dfrac{\sqrt{1 - m^2}\,\sqrt{1 + t^2 + f^2}\,(tf' - f)}{(t + ff')\sqrt{a^2 + b^2}} = \cos T, \end{array} \right.$$

l'équation (19) se réduit à

$$(21) \qquad \frac{\sqrt{1 - m^2}\,(ba' - ab')}{(a^2 + b^2)\sqrt{a^2 + b^2 + 1 - m^2}} = \frac{dT}{dt}.$$

En vertu des équations (16) et (21), l'équation (13), qu'il s'agit d'intégrer, devient

$$(22) \qquad d\Theta_0 - d\Theta + dT + d\zeta = 0,$$

et l'on en tire

$$\Theta_0 - \Theta + T + \zeta = \text{constante}.$$

On peut supposer la constante nulle, car elle se fond dans Θ. Effectivement, l'équation (14) peut s'écrire

$$d\Theta = - \sqrt{1 - m^2}\,\frac{\varphi\,d\theta}{2\theta\,\sqrt{(m^2 - 1)\varphi^2 + \theta}};$$

la fonction Φ est donc telle, que la fonction Θ qui en dépend se trouve naturellement munie d'une constante arbitraire qui y entre par addition. Ainsi, on peut écrire

$$\zeta = \Theta - \Theta_0 - T;$$

d'où

$$\sin \zeta = (\sin \Theta \cos \Theta_0 - \cos \Theta \sin \Theta_0) \cos T$$
$$- (\cos \Theta \cos \Theta_0 + \sin \Theta \sin \Theta_0) \sin T.$$

En vertu des équations (12), (15), (18) et (20), cette équation devient

$$(23) \begin{cases} (m + \sqrt{1 + t^2 + f^2}) \sqrt{1 + f'^2 + (tf' - f)^2} \cdot \dfrac{1 + m\sqrt{1 + p^2 + q^2}}{m + \sqrt{1 + p^2 + q^2}} \\[2ex] = (1 - m^2) \sqrt{1 + t^2 + f^2} \, (tf' - f) \left[\dfrac{\Phi \sqrt{(m^2 - 1)\varphi^2 + \theta} - \varphi \sqrt{(m^2 - 1)\Phi^2 + \theta}}{\theta} \right] \\[2ex] - (1 + m\sqrt{1 + t^2 + f^2}) \sqrt{1 + f'^2 + (tf' - f)^2} \left[\dfrac{\sqrt{(m^2 - 1)\Phi^2 + \theta}\sqrt{(m^2 - 1)\varphi^2 + \theta} - (m^2 - 1)\Phi\varphi}{\theta} \right] \end{cases}$$

Si l'on suppose que a, b et φ soient partout remplacées par leurs valeurs tirées des équations (14) et (17), l'équation de la surface cherchée sera le résultat de l'élimination de p, q, t et θ entre les quatre équations (5) et l'équation (23). On peut donner au résultat une forme un peu plus simple, mais les calculs sont compliqués, et nous nous bornerons à ce qui précède.

Les surfaces dont nous venons de former les équations constituent un second genre parmi celles dont les lignes de courbure sont planes dans un système et sphériques dans l'autre. Les plans des lignes de l'une des courbures sont tangents à une surface conique à base arbitraire, et coupent la surface sous un angle dont le cosinus est proportionnel au cosinus de l'angle que ces mêmes plans font avec un plan fixe. Ces surfaces comprennent, comme cas particulier correspondant à $m = 0$, les surfaces dont nous avons formé le premier genre ; mais celles-ci ont une propriété qui leur appartient exclusivement, propriété qui consiste en ce que les lignes de l'une des courbures sont sur des sphères *concentriques;* c'est pour cette raison que nous avons cru devoir les considérer à part.

§ VI.

Quatrième cas.

On a

$$\alpha = 0, \quad b = 0, \quad \lambda = m, \quad c = 0, \quad u = ml;$$

si l'on fait, en outre,

$$a = t, \quad b = -1, \quad l = f(t), \quad \gamma = 0, \quad 2v = \varphi(\theta),$$

f et φ désignant deux fonctions arbitraires, les équations (1), (2), (3), (4) du § II deviennent :

$$(1) \qquad \begin{cases} y = tx - mf(t), \\ q - pt = f(t)\sqrt{1 + p^2 + q^2}\,; \end{cases}$$

$$(2) \qquad \begin{cases} x^2 + y^2 + z^2 - 2\theta z = \varphi(\theta), \\ z - px - qy = \theta + m\sqrt{1 + p^2 + q^2}. \end{cases}$$

Si l'on élimine t entre les équations (1), θ entre les équations (2), on obtient les suivantes :

$$(3) \qquad \frac{qx - py}{x\sqrt{1 + p^2 + q^2} + mp} = f\left(\frac{y\sqrt{1 + p^2 + q^2} + mq}{x\sqrt{1 + p^2 + q^2} + mp} \right)$$

$$(4) \qquad \begin{cases} x^2 + y^2 + z^2 - 2z\left(z - px - qy - m\sqrt{1 + p^2 + q^2}\right) \\ = \varphi\left(z - px - qy - m\sqrt{1 + p^2 + q^2}\right) \end{cases}$$

qui sont les deux équations aux différentielles premières de la surface dont nous nous occupons. Pour avoir l'équation sous forme finie, nous nous servirons des équations (1) et (2). Si l'on différentie de la deuxième équation (2), il vient

$$- x\,dp - y\,dq = d\theta + m \cdot \frac{p\,dp + p\,dq}{\sqrt{1 + p^2 + q^2}}\,;$$

en prenant donc p et q pour les variables indépendantes, on a

$$(5) \qquad x = - \frac{d\theta}{dp} - m\,\frac{p}{\sqrt{1 + p^2 + q^2}},$$

$$(6) \qquad y = - \frac{d\theta}{dq} - m\,\frac{q}{\sqrt{1 + p^2 + q}}\,;$$

la deuxième équation (2) donne ensuite

$$(7) \qquad z - \theta = - \left(p\,\frac{d\theta}{dp} + q\,\frac{d\theta}{dq} \right) + m\,\frac{1}{\sqrt{1 + p^2 + q^2}}.$$

Portant les valeurs x, y, z, tirées des équations (5), (6) et (7), dans la première équation (1) et dans le première équation (2), il vient, en ayant égard à la deuxième question (1),

$$(8) \qquad \frac{d\theta}{dq} = t\,\frac{d\theta}{dp},$$

$$(9) \qquad \left(\frac{d\theta}{dp}\right)^2 + \left(\frac{d\theta}{dq}\right)^2 + \left(p\,\frac{d\theta}{dp} + q\,\frac{d\theta}{dq} \right)^2 = \varphi(\theta) + \theta^2 - m^2.$$

Des équations (8) et (9) on tire

$$\frac{d\theta}{d\rho} = \frac{\sqrt{\varphi(\theta) + \theta^2 - m^2}}{\sqrt{1 + t^2 + (p + qt)^2}},$$

$$\frac{d\theta}{dq} = t\,\frac{\sqrt{\varphi(\theta) + \theta^2 - m^2}}{\sqrt{1 + t^2 + (p + qt)^2}};$$

l'équation

$$d\theta = \frac{d\theta}{dp}\,dp + \frac{d\theta}{dq}\,dq$$

devient alors

(10)
$$\frac{d\theta}{\sqrt{\varphi(\theta) + \theta^2 - m^2}} = \frac{dp + tdq}{\sqrt{1 + t^2 + (p + qt)^2}}.$$

Au moyen de la deuxième équation (1), on peut ramener le second membre de l'équation (10) à ne plus contenir que deux variables ; dès lors ce deuxième membre deviendra une différentielle exacte, et l'équation (10) sera immédiatement intégrable. Soit ζ une nouvelle variable telle que l'on ait

(11)
$$p + qt = \zeta\sqrt{1 + t^2},$$

(12)
$$dp + tdq = d\zeta\sqrt{1 + t^2} + \left(\frac{\zeta t}{\sqrt{1 + t^2}} - q\right)dt;$$

l'équation (10) devient

(13)
$$\frac{d\theta}{\sqrt{\varphi(\theta) + \theta^2 - m^2}} = \frac{d\zeta}{\sqrt{\zeta^2 + 1}} + \frac{\zeta t - q\sqrt{1 + t^2}}{(1 + t^2)\sqrt{\zeta^2 + 1}}\,dt.$$

Or, si l'on élimine p entre l'équation (10) et la première équation (1), l'équation finale est

$$(1 + t^2 - f^2)(\zeta t - q\sqrt{1 + t^2})^2 = f^2(\zeta^2 + 1),$$

en vertu de laquelle l'équation (13) se réduit à

(14)
$$\frac{d\zeta}{\sqrt{\zeta^2 + 1}} = \frac{d\theta}{\sqrt{\varphi(\theta) + \theta^2 - m^2}} + \frac{fdt}{(1 + t^2)\sqrt{1 + t^2 - f^2}}$$

Nous prendrons, au lieu de f et φ, deux autres fonctions arbitraires $F(t)$ et $\Phi(\theta)$, telles que l'on ait

$$\frac{f}{(1+t^2)\sqrt{1+t^2-f^2}}=\frac{1}{2}\frac{F'(t)}{F(t)}, \quad \frac{1}{\sqrt{\varphi(\theta)+\theta^2-m^2}}=-\frac{1}{2}\frac{\Phi'(\theta)}{\Phi(\theta)};$$

d'où

$$(15) \qquad f(t)=\frac{(1+t^2)^{\frac{3}{2}}F'(t)}{\sqrt{4F^2(t)+(1+t^2)^2 F'^2(t)}}, \quad \varphi(\theta)=\frac{4\Phi^2(\theta)}{\Phi'^2(\theta)}-\theta^2+m^2;$$

l'équation (14) devient alors

$$(16) \qquad 2\frac{d\zeta}{\sqrt{\zeta^2+1}}+\frac{\Phi'(\theta)d\theta}{\Phi(\theta)}=\frac{F'(t)dt}{F(t)}.$$

Intégrant et observant que la constante se fond dans les fonctions arbitraires, il vient

$$2\log\left(\zeta+\sqrt{\zeta^2+1}\right)+\log\Phi(\theta)=\log F(t),$$

ou

$$(17) \qquad \left(\zeta+\sqrt{\zeta^2+1}\right)^2 \Phi(\theta)=F(t).$$

Or l'équation (11) et la seconde équation (1) donnent

$$z=\frac{p+qt}{\sqrt{1+t^2}}, \quad \sqrt{\zeta^2+1}=\frac{\sqrt{1+t^2-f^2}\,\sqrt{1+p^2+q^2}}{\sqrt{1+t^2}},$$

ce qui réduit l'équation (17) à

$$(18) \qquad \frac{\left(p+qt+\sqrt{1+t^2-f^2}\,\sqrt{1+p^2+q^2}\right)^2}{1+t^2}\,\Phi(\theta)=F(t).$$

Si l'on imagine que $f(t)$ soit partout remplacée par sa valeur tirée de la première équation (15), l'équation de la surface cherchée sera le résultat de l'élimination de p, q, t et θ entre les cinq équations (1), (2) et (18).

Les surfaces représentées par les équations (1), (2) et (18) constituent le troisième et dernier genre des surfaces dont les lignes de courbure sont planes dans un système et sphériques dans l'autre. Les plans des lignes de la première courbure sont tangents à un cylindre dans le cas général, et ils passent par une droite fixe dans le cas particulier de $m=0$. Ce cas de $m=0$ n'est pas aussi particulier qu'on pourrait croire ; effectivement, les fonctions f et φ étant partout remplacées par leurs valeurs tirées des équations (15), si l'on considère les fonctions F et Φ

comme déterminées, et m comme un paramètre variable, les diverses surfaces représentées par les équations (1), (2) et (18) seront parallèles : elles peuvent, en conséquence, se déduire facilement de l'une quelconque d'entre elles, par exemple de celle qui correspond à $m = 0$. Cela résulte immédiatement de ce qui a été dit au § V de la première partie.

Dans cette hypothèse de $m = 0$, si l'on élimine p, q, et t entre les équations (1), (2) et (18), il vient

$$(19) \qquad \frac{z - \theta - \sqrt{x^2 + y^2 + (z - \theta)^2}}{z - \theta + \sqrt{x^2 + y^2 + (z - \theta)^2}} \, \Phi(\theta) + F\left(\frac{y}{x}\right) = 0,$$

et il est aisé de voir qu'on reproduit la première équation (2) en différentiant l'équation (19) par rapport à θ. Si donc on fait

$$V = \frac{z - \theta - \sqrt{x^2 + y^2 + (z - \theta)^2}}{z - \theta + \sqrt{x^2 + y^2 + (z - \theta)^2}} \, \Phi(\theta) + F\left(\frac{y}{x}\right),$$

l'équation de la surface dont nous nous occupons sera le résultat de l'élimination de θ entre les deux équations

$$(20) \qquad V = 0, \quad \frac{dV}{d\theta} = 0.$$

La surface représentée par les équations (20) a été considérée, pour la première fois, par M. Joachimsthal, dans le Mémoire cité plus haut.

§ VII.

Cinquième cas.

On a
$$\alpha = 0, \quad \mathfrak{b} = 0, \quad c = 0, \quad u = 0, \quad l = 0.$$

Les équations relatives aux lignes de courbure planes sont

$$ax + by = 0,$$
$$ap + bq = 0;$$

on en déduit

$$qx - py = 0;$$

on ne trouve donc, dans ce cinquième cas, que les seules surfaces de révolution, qui sont comprises dans le premier des deux genres de surfaces étudiées dans la première partie.

Les équations relatives aux lignes de courbure sphériques renferment trois indéterminées, et, par suite, deux fonctions arbitraires d'un paramètre. Les sphères qui contiennent les lignes de la seconde courbure sont essentiellement indéterminées, puisque ces lignes sphériques sont ici les parallèles de la surface.

§ VIII.

Sixième cas.

On a

$$\delta = 0, \quad \lambda = m, \quad a = 0, \quad c = 0, \quad u = ml,$$

m étant une constante; si l'on fait, en outre,

$$b = -1, \quad l = -t,$$

les équations relatives aux lignes de courbure planes sont

$$y = mt,$$
$$q = t\sqrt{1 + p^2 + q^2};$$

et en éliminant t, on obtient l'équation différentielle partielle de la surface, savoir

$$mq = y\sqrt{1 + p^2 + q^2};$$

c'est l'équation générale des surfaces des canaux dont l'axe est une courbe plane arbitraire. Les lignes de l'une des courbures sont dans des plans parallèles; les lignes de la seconde courbure sont des circonférences qui ont leurs centres dans un même plan. Ces surfaces sont donc comprises parmi celles qui forment le premier genre des surfaces dont toutes les lignes de courbures sont planes.

Les lignes de courbure sphériques étant des cercles, les sphères qui les contiennent ne sont pas déterminées, et c'est ce que l'analyse indique en laissant trois quantités indéterminées, dans les équations qui se rapportent aux lignes de la deuxième courbure.

§ IX.

Septième cas.

On a

$$6 = 0, \quad \lambda = -\frac{1}{m}\alpha, \quad c = 0, \quad u = 0, \quad l = ma;$$

si l'on fait, en outre,

$$a = t, \quad b = -1,$$

les équations relatives aux lignes de la première courbure seront

$$y = tx,$$
$$q - pt = mt\sqrt{1 + p^2 + q^2}.$$

En éliminant t, on aura l'équation aux différentielles premières de la surface, savoir

$$qx - py = my\sqrt{1 + p^2 + q^2}.$$

La surface dont il s'agit ici est évidemment un cas particulier des surfaces considérées par M. Joachimsthal, et dont nous avons formé l'équation au § VI. On voit aussi qu'elle est encore un cas particulier des surfaces dont toutes les lignes de courbure sont planes (§ IV de la première partie). Les lignes de la seconde courbure, étant planes et situées sur des sphères de rayons finis, sont nécessairement des circonférences. Il est très-aisé, d'ailleurs, de vérifier ce résultat à posteriori.

Comme dans les deux cas qui précèdent, l'analyse ne peut déterminer les sphères qui renferment les lignes de la seconde courbure.

TROISIÈME PARTIE.

DES SURFACES DONT TOUTES LES LIGNES DE COURBURE SONT SPHÉRIQUES.

§ Ier.

D'après ce qui a été dit au § 1er de la deuxième partie, si toutes les lignes de courbure d'une surface sont sphériques, on a, en faisant usage des notations déjà employées,

$$(1) \qquad (x-a)^2 + (y-b)^2 + (z-c)^2 = a^2 + b^2 + c^2 + 2u,$$

$$(2) \qquad -(x-a)p - (y-b)q + (z-c) = l\sqrt{1+p^2+q^2},$$

$$(3) \qquad (x-\alpha)^2 + (y-6)^2 + (z-\gamma)^2 = \alpha^2 + 6^2 + \gamma^2 + 2\upsilon,$$

$$(4) \qquad -(x-\alpha)p - (y-6)q + (z-\gamma) = \lambda\sqrt{1+p^2+q^2};$$

a, b, c, u, l étant fonctions d'un paramètre t, tandis que α, 6, γ, υ et λ sont fonctions d'un second paramètre θ. Les équations (1) et (2) sont ainsi relatives aux lignes de la première courbure; les équations (3) et (4) se rapportent aux lignes de la deuxième courbure. La condition de perpendicularité des lignes de courbure qui passent par un même point s'obtiendra en éliminant les six variations $dx, dy, dz, \delta x, \delta y, \delta z$ entre les cinq équations

$$dx\,\delta x + dy\,\delta y + dz\,\delta z = 0,$$

$$(x-a)dx + (y-b)dy + (z-c)dz = 0, \qquad dz = p\,dx + q\,dy,$$

$$(x-\alpha)\delta x + (y-6)\delta y + (z-\gamma)\delta z = 0, \qquad \delta z = p\,\delta x + q\,\delta y.$$

On trouve ansi, en ayant égard aux équations (1), (2), (3), (4),

$$(5) \qquad u + \upsilon + a\alpha + b6 + c\gamma = l\lambda.$$

Dans la discussion de cette équation de condition, nous distinguerons quatre hypothèses qui sont les seules possibles, et que nous allons examiner.

1° *Les quantités a, b, c sont liées par trois équations linéaires.* Dans cette hypothèse, a, b, c sont déterminées; les sphères qui contiennent les lignes de la première courbure sont concentriques, et, en prenant leur centre commun pour origine des coordonnées, on aura

$$a = 0, \quad b = 0, \quad c = 0;$$

l'équation (5) se réduit à

$$u + \upsilon = l\lambda.$$

En la différentiant par rapport à t, il vient

$$u' = l'\lambda.$$

Cette dernière exige que u' et l' soient nuls ou que λ soit constante. Le cas de $u'=0$ donnerait

$$u = \text{constante};$$

par suite, la surface serait une sphère. Rejetant cette solution et désignant par m et m' deux constantes, on a

$$\lambda = \frac{m}{2}, \quad 2u' = ml', \quad \text{d'où} \quad 2u = ml + m',$$

puis

$$2v = -m'.$$

On a ainsi cette solution unique de l'équation (5),

$$a = 0, \quad b = 0, \quad c = 0, \quad 2u = ml + m', \quad 2v = -m', \quad \lambda = \frac{m}{2}.$$

2° *Les quantités a, b, c sont liées par deux équations linéaires.* Dans cette deuxième hypothèse, les centres des sphères qui contiennent les lignes de la première courbure sont situés sur une droite fixe. En prenant cette droite fixe pour axe des z, on aura

$$a = 0, \quad b = 0;$$

l'équation (5) se réduit alors à

$$u + v + c\gamma = l\lambda$$

Différentiant cette équation par rapport à θ, puis celle obtenue par rapport à t, il vient

$$v' + c\gamma' = l\lambda',$$
$$c'\gamma = l'\lambda'.$$

c' ne peut être nul, car autrement c serait constant, et l'on rentrerait dans la première hypothèse. On tire alors des équations précédentes

$$\gamma' = \frac{l'}{c'}\lambda', \quad v' = \left(l - \frac{cl'}{c'}\right)\lambda'.$$

Il faut donc de deux choses l'une : ou que γ', v' et λ' soient nuls, ou que $\dfrac{l'}{c'}$ et $l - \dfrac{cl'}{c'}$ soient constantes.

Supposons d'abord le premier cas, savoir :

$$\gamma' = 0, \quad \upsilon' = 0, \quad \lambda' = 0;$$

les centres des sphères qui contiennent les lignes de la seconde courbure sont dans un plan fixe perpendiculaire à l'axe des z ; on peut prendre ce plan pour celui des xy, et alors on a

$$\gamma = 0, \quad \upsilon = -\frac{m'}{2}, \quad \lambda = \frac{m}{2},$$

m et m' désignant des constantes. L'équation de condition (5) donne ensuite

$$u = \frac{m}{2}l + \frac{m'}{2}.$$

Considérons maintenant le deuxième cas. On aura, en désignant par m et m' deux constantes,

$$l = mc + \frac{m'}{2},$$

$$\gamma' = m\lambda', \quad \upsilon = \frac{m'}{2}\lambda';$$

intégrant et désignant par m'' et m''' deux nouvelles constantes, il vient

$$\gamma = m\lambda + \frac{m''}{2}, \quad \upsilon = \frac{m'}{2}\lambda + \frac{m'''}{2}.$$

L'équation de condition (5) donne enfin

$$u = -\frac{m''}{2}c - \frac{m'''}{2}.$$

On a ainsi ces deux solutions de l'équation (5) :

$$a = 0, \quad b = 0, \quad 2u = ml + m',$$

$$\gamma = 0, \quad 2\upsilon = -m', \quad \lambda = \frac{m}{2},$$

et

$$a = 0, \quad b = 0, \quad 2u = -m''c - m''',$$

$$l = mc + \frac{m'}{2}, \quad \gamma = m\lambda + \frac{m''}{2}, \quad 2v = m\lambda + m''',$$

m, m', m'' et m''' désignant quatre constantes.

3° *Les quantités a, b, c sont liées par une seule équation linéaire.* Les centres des sphères qui contiennent les lignes de la première courbure sont dans un plan fixe. En prenant ce plan pour celui des yz, on aura

$$a = 0,$$

et l'équation (5) se réduit à

$$u + v + b\varepsilon + c\gamma = l\lambda.$$

Différentiant une fois par rapport à θ, puis ensuite deux fois par rapport à t, il vient

$$v' + b\varepsilon' + c\,\gamma' = l\lambda',$$
$$b'\varepsilon' + c'\gamma' = l'\lambda',$$
$$b''\varepsilon' + c''\gamma' = l''\lambda'.$$

On ne peut avoir

$$b'c'' - c'b'' = 0,$$

car autrement il y aurait une relation linéaire entre b et c, et l'on rentrerait dans les hypothèses précédentes; on peut donc tirer des deux dernières équations des valeurs finies de ε' et γ', et ces valeurs auront la forme

$$\varepsilon' = B\lambda', \quad \gamma' = C\lambda',$$

B et C étant fonctions du seul paramètre t.

Si ε' et γ' sont nuls, ε et γ sont constantes; les sphères qui contiennent les lignes de la seconde courbure ont leurs centres sur une ligne droite, et l'on rentre dans la deuxième hypothèse. Si ε' et γ' ne sont pas nuls, λ' ne peut être nul, et B, C sont constantes. On a d'ailleurs

$$C\varepsilon' - B\gamma' = 0, \quad \text{d'où} \quad C\varepsilon - B\gamma = \text{constante.}$$

Cela prouve que les sphères qui contiennent les lignes de la seconde courbure ont leurs centres dans un plan perpendiculaire au plan yz'; on peut prendre ce plan pour celui des xz, et alors on aura

$$6 = 0.$$

L'équation (5) se réduit ainsi à

$$u + v + c\gamma = l\lambda;$$

sa dérivée relative à θ, et la dérivée de celle-ci relative à t, sont

$$v' + c\gamma' = l\lambda',$$
$$c'\gamma' = l'\lambda'.$$

On ne peut avoir $c' = 0$, ni $\gamma' = 0$; car autrement on rentrerait dans les hypothèses précédentes. La dernière équation donne donc

$$l' = mc', \qquad \lambda' = \frac{1}{m}\gamma';$$

d'où, en intégrant,

$$l = mc + m', \qquad \lambda = \frac{1}{m}\gamma + m'',$$

m, m' et m'' étant trois constantes. Les équations précédentes donnent ensuite

$$v' = \frac{m'}{m}\gamma', \qquad \text{d'où} \qquad v = \frac{m'}{m}\gamma + m''',$$

m''' désignant une nouvelle constante; puis

$$u = mm''c + (m'm'' - m''').$$

On a ainsi cette solution unique de l'équation (5) :

$$a = 0, \qquad u = mm''c + (m'm'' - m'''), \qquad l = mc + m',$$
$$6 = 0, \qquad v = \frac{m'}{m}\gamma + m''', \qquad \lambda = \frac{1}{m}\gamma + m''.$$

4° *Les quantités a, b, c ne sont liées par aucune équation linéaire.* Je dis que α, 6, γ satisfont au moins à une équation linéaire, et que, par suite, on rentre dans l'une des trois précédentes hypothèses. En effet, différentions d'abord l'équation (5) par rapport à θ, il vient

$$v' + a\alpha' + b\mathit{6}' + c\gamma' = l\lambda';$$

différentions celle-ci trois fois par rapport à t, il vient

$$a'\,\alpha' + b'\,\mathit{6}' + c'\,\gamma' = l'\,\lambda',$$
$$a''\alpha' + b''\mathit{6}' + c''\gamma' = l''\lambda',$$
$$a'''\alpha' + b'''\mathit{6}' + c'''\gamma' = l'''\lambda';$$

puisqu'il n'existe aucune relation linéaire entre a, b, c, le déterminant

$$\left\{ \begin{array}{ccc} a', & b', & c', \\ a'', & b'', & c'', \\ a''', & b''', & c''', \end{array} \right.$$

ne peut être nul; par conséquent, les équations précédentes donneront pour α', $\mathit{6}'$, γ' des valeurs finies qui auront la forme

$$\alpha' = A\lambda', \qquad \mathit{6}' = B\lambda', \qquad \gamma' = C\lambda',$$

A, B, C étant indépendants de θ. Ces équations exigent que α' soit nul ou que A soit constante, que $\mathit{6}'$ soit nul ou que B soit constante ; enfin, que γ' soit nul ou que C soit constante. Si l'une des quantités α', $\mathit{6}'$, γ' est nulle, on rentre dans l'une des hypothèses précédentes. La même chose a lieu si aucune des quantités α', $\mathit{6}'$, γ' n'est nulle, car, dans ce cas, les équations précédentes donnent

$$\alpha' = \frac{C}{A}\gamma', \qquad \mathit{6}' = \frac{C}{B}\gamma',$$

d'où

$$\alpha = \frac{C}{A}\gamma + \text{constante}, \qquad \mathit{6} = \frac{C}{B}\gamma + \text{constante}.$$

Il existe donc deux relations linéaires entre α, $\mathit{6}$, γ.

Il résulte de cette discussion que l'équation (5) n'admet que quatre solutions distinctes et utiles pour l'objet de nos recherches, savoir :

$$1° \qquad a = 0, \quad b = 0, \quad c = 0, \quad 2u = ml + m', \quad 2v = -m', \quad \lambda = \frac{m}{2};$$

$$2° \qquad a = 0, \quad b = 0, \quad 2u = ml + m', \quad \gamma = 0, \quad 2v = -m', \quad \lambda = \frac{m}{2};$$

$$3° \qquad a = 0, \qquad b = 0, \qquad 2u = -\,m''c - m''', \qquad l = mc + \frac{m'}{2},$$

$$\gamma = m\lambda + \frac{m''}{2}, \qquad 2v = m'\lambda + m''\,;$$

$$4° \qquad a = 0, \qquad u = mm''c + (m'm'' - m'''), \qquad l = mc + m',$$

$$b = 0, \qquad v = \frac{m'}{m}\,\gamma + m''', \qquad \lambda = \frac{1}{m}\,\gamma + m''\,;$$

m, m', m'', m''' désignant des constantes. Nous allons examiner les quatre cas auxquels on est ainsi conduit.

§ II.

Premier cas.

On a

$$a = 0, \qquad b = 0, \qquad c = 0, \qquad 2u = ml + m',$$

$$2v = -\,m', \qquad \lambda = \frac{m}{2}.$$

Les équations (1) et (2) du § Ier, qui sont relatives aux lignes de la première courbure, sont ici :

$$x^2 + y^2 + z^2 = ml + m',$$

$$z - px - qy = l\sqrt{1 + p^2 + q^2}.$$

L'élimination de l donne l'équation aux différentielles premières de la surface ; savoir,

$$z - px - qy = \frac{x^2 + y^2 + z^2 - m'}{m}\,\sqrt{1 + p^2 + q^2}.$$

Si l'on compare cette équation à l'équation (4) du § III de la deuxième partie, on verra qu'elle se déduit de celle-ci, en supposant la fonction $\varphi\,(\theta)$ linéaire et égale à $m\theta + m'$. La surface dont il s'agit ici est donc un cas particulier des surfaces qui composent le premier genre de celles dont les lignes de courbure sont planes dans un système et sphériques dans l'autre. Les lignes de la seconde courbure sont des circonférences, circonstance qui est indiquée par le caractère analytique déjà remarqué dans la deuxième partie de ce travail. L'équation sous forme finie de notre surface s'obtiendra immédiatement, en prenant pour $\Phi\,(\theta)$ une fonction linéaire de θ dans les équations (15) du § III de la deuxième partie.

§ III.

Deuxième cas.

On a

$$a = 0, \qquad b = 0, \qquad 2u = ml + m',$$
$$\gamma = 0, \qquad 2v = -m', \qquad \lambda = \frac{m}{2}.$$

L'équation des sphères qui renferment les lignes de la seconde courbure est

$$x^2 + y^2 + z^2 - 2\alpha x - 2\beta y = -m'.$$

Ces sphères se coupent en un même point

$$x = 0, \qquad y = 0, \qquad z = \sqrt{-m'}.$$

Si donc on transforme par rayons vecteurs réciproques la surface dont il s'agit ici, en prenant pour centre de transformation le point représenté par les équations précédentes, on obtiendra l'une des surfaces dont nous nous sommes occupé dans les deux premières parties. Donc réciproquement, la surface actuelle est une transformée de l'une de celles-ci.

§ IV.

Troisième cas.

On a

$$a = 0, \qquad b = 0, \qquad 2u = -m''c - m''', \qquad l = mc + \frac{m'}{2},$$
$$\gamma = m\lambda + \frac{m''}{2}, \qquad 2v = m'\lambda + m''',$$

m, m', m'', m''' étant des constantes.

On peut supposer m ou m' nul, car si m n'est pas nul, on pourra changer c en $c - \dfrac{m'}{2m}$ en déplaçant l'origine des coordonnées sur l'axe des z ; on aura alors $l = mc$; ce qui équivaut à faire $m' = 0$.

Supposons d'abord $m = 0$; les équations relatives aux lignes de première courbure sont

$$x^2 + y^2 + z^2 - 2cz = -m''c - m''',$$

$$z - px - qy - c = \frac{m'}{2}\sqrt{1 + p^2 + q^2} \, ;$$

on voit que la surface dont il s'agit ici est un cas particulier des surfaces qui forment le troisième genre de celles dont les lignes de courbure sont planes dans un système et sphériques dans l'autre. On la retrouve effectivement en supposant que $\varphi\,(\vartheta)$ soit une fonction linéaire dans l'analyse du § VI de la deuxième partie.

Supposons, en second lieu, $m' = 0$; les équations relatives aux lignes de la deuxième courbure sont

$$x^2 + y^2 + z^2 - 2cz = -m''c - m''',$$

$$z - px - qy = c\left(1 + m\sqrt{1 + p^2 + q^2}\right).$$

la surface à laquelle ces équations appartiennent fait partie du second genre de celles dont les lignes de courbure sont planes dans un système et sphériques dans l'autre. On l'obtient en effet, en supposant que $\varphi\,(\vartheta)$ soit une fonction linéaire dans l'analyse du § V de la deuxième partie.

Pour chacune des deux surfaces dont il vient d'être question, les lignes de la seconde courbure sont des cercles.

§ V.

Quatrième cas.

On a

$$a = 0, \qquad u = mm''c + (m'm'' - m'''), \qquad l = mc + m',$$

$$b = 0, \qquad \upsilon = \frac{m'}{m}\gamma + m''', \qquad \lambda = \frac{1}{m}\gamma + m'',$$

m, m', m'', m''' étant des constantes. Les équations des sphères relatives aux lignes de l'une et l'autre courbure sont

$$(1) \qquad x^2 + y^2 + z^2 - 2by - 2cz = 2mm''c + 2(m'm'' - m'''),$$

$$(2) \qquad x^2 + y^2 + z^2 - 2ax - 2\gamma z = 2\frac{m'}{m}\gamma + 2m'''.$$

Les sphères représentées par l'équation (1) se coupent en un même point, pour lequel on a

$$x = \sqrt{2(m'm''' - m'') - m^2 m''^2}, \quad y = 0, \quad z = -mm'';$$

de même, les sphères (2) se coupent au point fixe

$$x = 0, \quad y = \sqrt{2m''' - \frac{m'^2}{m^2}}, \quad z = -\frac{m'}{m}.$$

Si donc on transforme, par rayons vecteurs réciproques, la surface dont il est ici question, en prenant pour centre de transformation l'un des points dont on vient de parler, on obtiendra l'une des surfaces étudiées dans la première ou dans la deuxième partie. Donc, réciproquement, la surface actuelle est une transformée de l'une de celles-ci.

§ VI.

Il résulte de cette discussion que, si l'on exclut les surfaces dont les lignes de courbure d'un système sont circulaires, et qui appartiennent aux genres considérés dans les deux premières parties, les surfaces dont toutes les lignes de courbure sont sphériques ne peuvent former que deux genres distincts.

Dans le premier genre, les centres des sphères des lignes de l'une des courbures sont sur une droite fixe; les centres des sphères des lignes de l'autre courbure sont dans un plan fixe perpendiculaire à la droite fixe.

Dans le second genre, les centres des sphères des lignes de chacune des courbures sont dans un plan fixe; les deux plans fixes sont perpendiculaires entre eux.

Enfin toutes ces surfaces peuvent se déduire, au moyen de la transformation par rayons vecteurs réciproques, soit des surfaces dont toutes les lignes de courbure sont planes, soit des surfaces dont les lignes de courbure sont planes dans un système et sphériques dans l'autre. Toutefois, il faut admettre que le centre de transformation puisse être imaginaire, ce qui ne peut présenter aucune difficulté. Au surplus, il est très-aisé de voir qu'on peut se borner aux centres de transformation réels, pourvu que l'on joigne aux surfaces obtenues toutes les surfaces qui leur sont parallèles.

CONCLUSION.

L'analyse développée dans ce Mémoire conduit naturellement à distinguer en plusieurs genres les surfaces dont toutes les lignes de courbure sont planes ou sphériques. Ainsi, les surfaces dont toutes les lignes de courbure sont planes forment deux genres dont le premier a été étudié par Monge; les surfaces dont les lignes de courbure sont planes dans un système et sphériques dans l'autre forment trois genres; enfin les surfaces dont toutes les lignes de courbure sont sphériques ne forment proprement que deux nouveaux genres.

Pour les surfaces d'un même genre, les lignes de courbure de chaque système sont déterminées directement par le moyen de deux équations entre les coordonnées rectangulaires x, y, z, et les différentielles partielles $\dfrac{dz}{dx}$, $\dfrac{dz}{dy}$ ou p, q. Chacun des systèmes d'équations dont il s'agit renferme un paramètre variable, et, en général, une fonction arbitraire de ce paramètre; ils constituent les deux intégrales intermédiaires d'une équation différentielle partielle débarrassée d'arbitraires; en sorte que, pour achever la solution, il ne reste plus qu'à intégrer la seule équation différentielle ordinaire $dz = pdx + qdy$.

Mais, dans quelques cas particuliers, les équations relatives à l'un des systèmes de lignes de courbure ne renferment aucune arbitraire, tandis que les équations qui se rapportent à l'autre système contiennent deux fonctions arbitraires. Dans ces cas, les plans ou les sphères qui contiennent les lignes de courbure de ce dernier système sont indéterminés, et les surfaces correspondantes sont développables ou sont à lignes de courbure circulaires. Ce caractère analytique n'est pas le seul par lequel se manifeste l'existence des surfaces à lignes de courbure droites ou circulaires. En effet, pour chacun des cinq genres étudiés dans la deuxième et dans la troisième partie, les équations qui se rapportent aux lignes de l'une des courbures peuvent être satisfaites quels que soient le paramètre et la fonction arbitraire de ce paramètre contenus dans ces équations. Les solutions sont de véritables solutions *singulières*; les surfaces correspondantes sont, outre la sphère, le cône droit, le cylindre droit, le tore, et les surfaces que l'on obtient en transformant celles-ci par rayons vecteurs réciproques. Ces surfaces sont déjà renfermées dans les genres que nous avons étudiés; aussi nous bornons-nous à les mentionner.

V

MÉMOIRE SUR LES SURFACES

DONT LES LIGNES DE L'UNE DES COURBURES SONT PLANES OU SPHÉRIQUES.

---

§ I.

Sur les trajectoires orthogonales d'un plan mobile.

« La recherche des surfaces pour lesquelles les lignes de l'une des courbures
sont situées dans des plans normaux à la surface, se ramène immédiatement à la
détermination des trajectoires orthogonales d'un plan mobile. L'intégration dont
dépend la solution de ce problème peut être effectuée d'une manière très-élé-
gante au moyen de formules dont j'ai déjà eu plusieurs fois l'occasion de faire
usage (*) ; c'est ce que je me propose de montrer ici.

« Désignons par x, y, z des coordonnées rectangulaires; par α, β, γ ; ξ, υ, ζ ; λ,
μ, ν les angles formés avec les axes par la tangente de la trajectoire orthogonale
du plan mobile, par la normale principale (direction du rayon de courbure) et par
l'axe du plan osculateur. Soient aussi ds la différentielle de l'arc de la trajectoire,

---

(*) J'ai donné les formules dont il s'agit dans un Mémoire qui fait partie du tome XVI du *Journal des mathématiques pures et appliquées*. Ce Mémoire est, à quelques modifications près, la reproduction d'une Lettre que
j'avais adressée à M. Liouville et qu'il m'a fait l'honneur de publier dans l'une des Notes dont il a enrichi la
cinquième édition de l'ouvrage de l'illustre Monge.

$d\varepsilon$ l'angle de deux tangentes infiniment voisines, et $d\eta$ l'angle de deux plans osculateurs infiniment voisins. On aura ces trois formules relatives à l'axe des x,

$$(1)\qquad\begin{cases} d\cos\alpha = \cos\xi\, d\varepsilon, \\ d\cos\lambda = \cos\xi\, d\eta, \\ d\cos\xi = -\cos\alpha\, d\varepsilon - \cos\lambda\, d\eta, \end{cases}$$

et six autres semblables relatives aux axes des y et des z ; on a, en outre,

$$(2)\qquad\begin{cases} d\varepsilon = \sqrt{(d\cos\alpha)^2 + (d\cos\beta)^2 + (d\cos\gamma)^2}, \\ d\eta = \sqrt{(d\cos\lambda)^2 + (d\cos\mu)^2 + (d\cos\nu)^2}. \end{cases}$$

Cela posé, l'équation du plan mobile sera

$$(3)\qquad x\cos\alpha + y\cos\beta + z\cos\gamma = u,$$

où l'on doit considérer α, β, γ et u comme des fonctions d'un paramètre variable t ; et, pour obtenir les trajectoires orthogonales, il faudra intégrer les équations

$$(4)\qquad dx = ds\cos\alpha, \quad dy = ds\cos\beta, \quad dz = ds\cos\gamma.$$

» A cet effet, nous poserons

$$(5)\qquad x\cos\lambda + y\cos\mu + z\cos\nu = U ;$$

différentiant deux fois cette équation (5), et ayant égard aux équations (1) et (4), il vient

$$(6)\qquad x\cos\xi + y\cos\upsilon + z\cos\zeta = \frac{dU}{d\eta},$$

$$(7)\qquad x\cos\alpha + y\cos\beta + z\cos\gamma = -\frac{d\eta}{d\varepsilon}\left[U + \frac{d\dfrac{dU}{d\eta}}{d\eta} \right]$$

La comparaison des équations (3) et (7) donne

$$(8)\qquad \frac{d\dfrac{dU}{d\eta}}{d\eta} + U = -u\,\frac{d\varepsilon}{d\eta}.$$

Sans fixer la quantité que nous choisissons pour le paramètre t, nous pouvons prendre η pour variable indépendante et poser

$$(9) \qquad u \frac{d\varepsilon}{d\eta} = \varphi(\eta) + \varphi''(\eta),$$

φ'' désignant la deuxième dérivée de la fonction φ ; alors l'intégrale de l'équation (8) est

$$(10) \qquad U = A \sin \eta + B \cos \eta - \varphi(\eta),$$

A et B étant deux constantes arbitraires.

« Il résulte de là que, si l'on pose

$$(11) \qquad V = x \cos \lambda + y \cos \mu + z \cos \nu + \varphi(\eta) - A \sin \eta - B \cos \eta$$

les équations (5), (6) et (7) qui appartiennent à la trajectoire du plan mobile seront

$$(12) \qquad V = 0, \; \frac{dV}{dt} = 0, \; \frac{d^2V}{dt^2} = 0,$$

car les termes provenant de la variation de x, y, z dans V et dans $\frac{dV}{dt}$ se détruisent.

« Nous ferons

$$\cos \lambda = \frac{t}{\sqrt{1 + t^2 + f^2(t)}}, \quad \cos \mu = \frac{f(t)}{\sqrt{1 + t^2 + f^2(t)}}, \quad \cos \nu = \frac{1}{\sqrt{1 + t^2 + f^2(t)}},$$

d'où il résulte

$$(13) \qquad \eta = \int \frac{\sqrt{1 + f'^2 + (f - tf')^2}}{1 + t^2 + f^2} \, dt,$$

en désignant par f une fonction du paramètre t et par f' sa dérivée. Si, en outre, on met dans l'équation (11), F(t) au lieu de $\varphi(\eta)$, θ et Φ et (θ) au lieu de A et B, il vient

$$(14) \qquad V = \frac{z + tx + f(t)y}{\sqrt{1 + t^2 + f^2}} + F(t) - \theta \sin \eta - \Phi(\theta) \cos \eta,$$

où η représente la valeur donnée par l'équation (13). Et si l'on élimine t et θ entre les équations

$$(15) \qquad V = 0, \quad \frac{dV}{dt} = 0, \quad \frac{d^2V}{dt} = 0,$$

on obtiendra l'équation générale des surfaces pour lesquelles les lignes de l'une des courbures sont dans des plans normaux à la surface; les équations (15) renferment trois fonctions arbitraires, f, F et Φ. Il est clair que notre analyse exclut le cas où les lignes de la deuxième courbure sont planes.

« On peut obtenir un résultat plus simple encore, dans le cas particulier où les plans des lignes de la première courbure passent par un point fixe. En plaçant l'origine des coordonnées en ce point, on a $u=0$, et la fonction φ de l'équation (10) est nulle. Si l'on pose

$$W = V \sin \eta + \frac{dV}{d\eta} \cos \eta,$$

on pourra aux équations (12), c'est-à-dire aux équations (5), (6), (7), substituer les trois

$$W = 0, \quad \frac{dW}{dt} = 0, \quad x^2 + y^2 + z^2 = A^2 + B^2,$$

dont la dernière s'obtient en ajoutant (5), (6), (7) après les avoir élevées au carré. Or, en désignant par $f(t)$ une fonction du paramètre t et faisant

$$\frac{\cos \lambda \sin \eta + \cos \xi \cos \eta}{t} = \frac{\cos \mu \sin \eta + \cos \upsilon \cos \eta}{f(t)} = \frac{\cos \nu \sin \eta + \cos \zeta \cos \eta}{1},$$

la valeur de W se réduit à $\dfrac{z + tx + fy}{\sqrt{1 + t^2 + f^2}} - A$; si donc on pose

$$A = \Phi (A^2 + B^2),$$

et qu'on remplace $A^2 + B^2$ par $x^2 + y^2 + z^2$, ce qui donne

$$W = \frac{z + tx + fy}{\sqrt{1 + t^2 + f^2}} - \Phi (x^2 + y^2 + z^2),$$

l'équation de la surface que nous considérons sera le résultat de l'élimination de t entre les deux équations

$$W = 0, \frac{dW}{dt} = 0,$$

qui renferment les deux fonctions arbitraires f et Φ. On retrouve ainsi, dans ce cas particuliers, l'une des surfaces étudiées par Monge. »

§ II.

Sur les trajectoires orthogonales d'une sphère mobile.

« La recherche des surfaces dont les lignes de l'une des courbures sont situées sur des sphères normales à la surface, se ramène immédiatement à la détermination des trajectoires orthogonales d'une sphère mobile, et ce dernier problème se réduit lui-même très-aisément à la détermination des trajectoires orthogonales d'un plan mobile, question dont nous venons de présenter une solution très-simple (*).

« Soit

$$(1) \qquad (x - a)^2 + (y - b)^2 + (z - c)^2 = r^2$$

l'équation d'une sphère en coordonnées rectangulaires; a, b, c, r désignent des fonctions d'un paramètre variable t. Les trajectoires orthogonales de cette sphère mobile auront pour équations différentielles

$$(2) \qquad \frac{dx}{x - a} = \frac{dy}{y - b} = \frac{dz}{z - c}.$$

Soient α, 6, γ les angles formés avec les axes par une droite arbitraire variable avec le paramètre t; désignons aussi par u une nouvelle fonction de t et posons

$$(3) \qquad da = rud\frac{\cos\alpha}{u}, \quad db = rud\frac{\cos 6}{u}, \quad dc = rud\frac{\cos\gamma}{u}.$$

(*) M. Ossian Bonnet s'est occupé le premier de la recherche des surfaces dont il s'agit ici. Mais les fomules qu'il a données me paraissent trop compliquées pour qu'on puisse en tirer parti ; aussi je crois faire une chose utile en publiant le résultat si simple que j'ai obtenu. On verra d'ailleurs que l'analyse dont je fais usage s'applique sans difficulté au cas général, non encore résolu, des surfaces dont les lignes de l'une des courbures sont sphériques.

Enfin, au lieu des variables x, y, z, prenons-en trois autres x_1, y_1, z_1 telles que l'on ait

$$(4) \quad \begin{cases} x = a + r \left(\dfrac{2ux_1}{x^2_1 + y^2_1 + z^2_1} - \cos\alpha \right), \\[2mm] y = b + r \left(\dfrac{2uy_1}{x^2_1 + y^2_1 + z^2_1} - \cos\theta \right), \\[2mm] z = c + r \left(\dfrac{2uz_1}{x^2_1 + y^2_1 + z^2_1} - \cos\gamma \right), \end{cases}$$

formules d'où l'on tire, en ayant égard à l'équation (1),

$$(5) \quad \begin{cases} x_1 = \dfrac{u(x - a + r\cos\alpha)}{(x-a)\cos\alpha + (y-b)\cos\theta + (z-c)\cos\gamma + r}, \\[2mm] y_1 = \dfrac{u(y - b + r\cos\theta)}{(x-a)\cos\alpha + (y-b)\cos\theta + (z-c)\cos\gamma + r}, \\[2mm] z_1 = \dfrac{u(z - c + r\cos\gamma)}{(x-a)\cos\alpha + (y-b)\cos\theta + (z-c)\cos\gamma + r}. \end{cases}$$

« Au moyen des équations (3) et (4), les équations (1) et (2) se réduisent aux suivantes :

$$(6) \quad x_1\cos\alpha + y_1\cos\theta + z_1\cos\gamma = u,$$

$$(7) \quad \frac{dx_1}{\cos\alpha} = \frac{dy_1}{\cos\theta} = \frac{dz_1}{\cos\gamma};$$

on voit que si l'on considère x_1, y_1, z_1 comme des coordonnées rectangulaires, les équations (7) appartiendront aux trajectoires orthogonales du plan mobile représenté par l'équation (6).

« Nous conserverons toutes les notations du paragraphe précédent. Ainsi nous désignerons par ξ, υ, ζ; λ, μ, ν les angles formés avec les axes par le rayon de courbure et par l'axe du plan osculateur de la trajectoire du plan (6); par $d\varepsilon$ l'angle de deux tangentes infiniment voisines et par $d\eta$ l'angle de deux plans osculateurs infiniment voisins. Désignant en outre par A et B deux constantes arbitraires, et posant

$$u\frac{d\varepsilon}{d\eta} = \varphi(\eta) + \varphi''(\eta),$$

$$U = A\sin\eta + B\cos\eta - \varphi(\eta),$$

les trajectoires orthogonales du plan (6) seront représentées par l'équation (6) jointe aux deux

$$(8) \qquad x_1 \cos\lambda + y_1 \cos\mu + z_1 \cos\nu = U,$$

$$(9) \qquad x_1 \cos\xi + y_1 \cos\upsilon + z_1 \cos\zeta = \frac{dU}{d\eta}.$$

« Si, dans les équations (8) et (9) on remplace x_1, y_1, z_1 par leurs valeurs tirées de (5), on aura deux nouvelles équations qui, jointes à l'équation (1), feront connaître les trajectoires orthogonales de la sphère (1). Enfin, si l'on exprime A et B en fonction d'un paramètre θ et d'une fonction arbitraire de ce paramètre, les mêmes trois équations représenteront les surfaces dont les lignes de l'une des courbures sont situées sur des sphères normales à la surface. Les équations que nous formons ainsi contiennent seize quantités fonctions du paramètre t, savoir : a, b, c, r, u ou $\varphi(\eta)$ et les onze angles α, $\mathfrak{G}$, γ; ξ, υ, ζ; λ, μ, ν; ε et η. Toutes ces seize quantités peuvent s'exprimer immédiatement, dans le cas général, en fonction du paramètre t et de trois fonctions arbitraires de ce paramètre ; cela peut se faire d'une infinité de manières ; le choix du paramètre et des fonctions arbitraires doit être subordonné aux convenances du cas particulier que l'on veut étudier.

« Considérons, par exemple, le cas où les sphères qui contiennent les lignes de courbure ont leurs centres en ligne droite. On pourra faire ici

$$a = 0, \quad b = 0, \quad \cos\alpha = 0, \quad \cos\mathfrak{G} = 0, \quad \cos\gamma = 1 ;$$

alors les équations (7) se réduisent à

$$dx_1 = 0, \quad dy_1 = 0,$$

et nous pouvons poser

$$x^2_1 + y^2_1 = F\left(\frac{y_1}{x_1}\right),$$

F désignant une fonction arbitraire. Faisant ensuite

$$c = t, \quad u = \sqrt{-f(t)},$$

on a

$$r = \frac{2f(t)}{f'(t)},$$

et si l'on pose

$$V = \frac{z - t - \sqrt{x^2 + y^2 + (z - t)^2}}{z - t + \sqrt{x^2 + y^2 + (z - t)^2}} f(t) - F\left(\frac{y}{x}\right),$$

l'équation (10) se réduit à $V = 0$ en vertu de (5). La surface que nous considérons ici sera donc représentée par l'équation $V = 0$ jointe à l'équation (1); il est aisé de s'assurer qu'elle peut l'être aussi par les deux équations

$$V = 0, \qquad \frac{dV}{dt} = 0,$$

résultat que j'ai déjà obtenu dans mon Mémoire *sur les surfaces dont toutes les lignes de courbure sont planes ou sphériques.*

« Remarquons encore le cas où les sphères qui contiennent les lignes de courbure ont seulement leurs centres dans un même plan. Ce cas se ramène immédiatement, d'après ce qui précède, au cas des surfaces dont les lignes de l'une des courbures sont dans des plans parallèles à une droite fixe et normaux à la surface. »

§ III.

Sur les surfaces dont les lignes de l'une des courbures sont sphériques.

« Soient x, y, z des coordonnées rectangulaires et a, b, c, r, l des fonctions d'un paramètre t, dont la dernière l contient le facteur $\sqrt{-1}$. Si l'on pose $dz = p\,dx + q\,dy$, l'équation différentielle des surfaces dont il s'agit sera le résultat de l'élimination du paramètre t entre les deux équations

$$(1) \qquad (x - a)^2 + (y - b)^2 + (z - c)^2 = r^2 - l^2,$$

$$(2) \qquad -(x-a)p - (y-b)q + (z - c) = l\sqrt{-1 - p^2 - q^2}.$$

Soient x_0, y_0, z_0, v_0 quatre fonctions inconnues de t, assujetties à vérifier les équations

$$(3) \qquad (x_0 - a)^2 + (y_0 - b)^2 + (z_0 - c)^2 + (v_0 - l)^2 = r^2.$$

$$(4) \qquad \frac{dx_0}{x_0 - a} = \frac{dy_0}{y_0 - b} = \frac{dz_0}{z_0 - c} = \frac{dv_0}{v_0 - l},$$

et posons

$$(5) \qquad V = (x_0 - a)(x - a) + (y_0 - b)(y - b) + (z_0 - c)(z - c) - l(v_0 - l) - r^2.$$

« Il est aisé de s'assurer que l'équation $V = 0$ satisfait à l'équation (2); elle sera donc une *intégrale complète* de celle-ci, si les valeurs de x_0, y_0, z_0, v_0 tirées des équations (3) et (4) renferment dans leurs expressions deux constantes arbitraires. Si, en outre, on exprime les deux constantes dont il s'agit en fonction d'un paramètre θ et d'une fonction arbitraire de ce paramètre, l'intégrale générale de l'équation (2) sera le résultat de l'élimination de θ entre les deux équations

$$(6) \qquad V = 0, \qquad \frac{dV}{d\theta} = 0,$$

« Enfin, l'équation intégrale des surfaces dont nous nous occupons sera le résultat de l'élimination de t et θ entre les équations (1) et (6).

« Soient a_1, b_1, c_1, l_1, et u cinq fonctions de t, choisies de manière que l'on ait

$$(7) \qquad a^2_1 + b^2_1 + c^2_1 + l^2_1 = 1,$$

$$(8) \qquad da = rud\frac{a_1}{u}, \quad db = rud\frac{b_1}{u}, \quad dc = rud\frac{c_1}{u}, \quad dl = rud\frac{l_1}{u},$$

et prenons, au lieu de x_0, y_0, z_0, v_0, quatre nouvelles variables x_1, y_1, z_1, v_1, telles que

$$(9) \quad \begin{cases} x_0 = a + r\left(\dfrac{2ux_1}{x^2_1 + y^2_1 + z^2_1 + v^2_1} - a_1\right), & y_0 = b + r\left(\dfrac{2uy_1}{x^2_1 + y^2_1 + z^2_1 + v^2_1} - b_1\right), \\[2ex] z_0 = c + r\left(\dfrac{2uz_1}{x^2_1 + y^2_1 + z^2_1 + v^2_1} - c_1\right), & v_0 = l + r\left(\dfrac{2uv_1}{x^2_1 + y^2_1 + z^2_1 + v^2_1} - l_1\right). \end{cases}$$

Au moyen des équations (7), (8), (9), les équations (3) et (4) se réduisent à

$$(10) \qquad a_1x_1 + b_1y_1 + c_1z_1 + l_1v_1 = u,$$

$$(11) \qquad \frac{dx_1}{a_1} = \frac{dy_1}{b_1} = \frac{dz_1}{c_1} = \frac{dv_1}{l_1};$$

et la question est ramenée à trouver des valeurs de x_1, y_1, z_1, v_1, qui satisfassent à ces équations et qui renferment dans leurs expressions deux constantes arbitraires.

« Remarquons d'abord le cas où les sphères qui contiennent les lignes de courbure ont leurs centres dans un même plan. En prenant ce plan pour celui des xy, on a $c = 0$, puis on peut faire $c_1 = 0$ et $z_1 = 0$, ou = une constante. On voit alors que le problème est immédiatement ramené à la détermination des trajectoires orthogonales d'un plan mobile. »

§ IV.

Sur les surfaces dont les lignes de l'une des courbures sont sphériques. — (Suite.)

« Considérons maintenant le cas général. Nous poserons

$$\frac{a_1}{\sqrt{1-l^2_1}} = \cos\alpha, \qquad \frac{b_1}{\sqrt{1-l^2_1}} = \cos\delta, \qquad \frac{c_1}{\sqrt{1-l^2_1}} = \cos\gamma;$$

$$\frac{l_1}{\sqrt{1-l^2_1}} = l'\sqrt{-1}, \qquad \frac{u}{\sqrt{1-l^2_1}} = u';$$

en outre, pour n'avoir dans nos formules que des quantités réelles, nous remplacerons v_1 par $v_1\sqrt{-1}$. Les équations (10) et (11) deviennent alors

$$(12) \qquad x_1\cos\alpha + y_1\cos\delta + z_1\cos\gamma = l'v_1 + u',$$

$$(13) \qquad \frac{dx_1}{\cos\alpha} = \frac{dy_1}{\cos\delta} = \frac{dz_1}{\cos\gamma} = \frac{dv_1}{l'}.$$

On peut regarder α, β, γ comme les angles que fait avec les axes la tangente d'une courbe arbitraire ; nous désignerons par ξ, υ, ζ ; λ, μ, ν les angles formés avec les mêmes axes par le rayon de courbure et par l'axe du plan osculateur de cette courbe arbitraire ; par $d\varepsilon$ de l'angle de deux tangentes infiniment voisines, et par $d\eta$ l'angle de deux plans osculateurs infiniment voisins.

« Cela posé, pour intégrer les équations (13), nous poserons

$$(14) \qquad x_1\cos\lambda + y_1\cos\mu + z_1\cos\nu = U.$$

Différentiant trois fois cette équation et ayant égard aux équations (12) et (13), ainsi qu'aux formules rappelées au paragraphe I, il vient

$$(15) \qquad x_1\cos\xi + y_1\cos\upsilon + z_1\cos\zeta = \frac{dU}{d\eta},$$

$$(16) \qquad v_1 = -\frac{u'}{l'} - \frac{1}{l'}\frac{d\eta}{d\varepsilon}\left(\frac{d^2U}{d\eta^2} + U\right),$$

$$(17) \qquad \frac{1}{l'}\frac{d\eta}{d\varepsilon}\frac{dv_1}{d\tau_1} + \frac{d\eta}{d\varepsilon}\frac{d}{d\eta}\left[\frac{d\eta}{d\varepsilon}\left(\frac{d^2U}{d\eta^2} + U\right)\right] + \frac{dU}{d\eta} = 0,$$

11

$d\eta$ étant prise pour la différentielle constante. Posons, pour abréger,

$$\mathcal{L}(U) = \left(\frac{1}{l'^2} - 1\right)\frac{d\eta}{d\varepsilon}\frac{d}{d\eta}\left[\frac{d\eta}{d\varepsilon}\left(\frac{d^2U}{d\eta^2} + U\right)\right] - \frac{1}{l'^3}\frac{dl'}{d\eta}\left(\frac{d\eta}{d\varepsilon}\right)^2\left(\frac{d^2U}{d\eta^2}\right) + U\right) - \frac{dU}{d\eta};$$

si l'on tire de l'équation (15) la valeur de $\dfrac{dv_1}{d\eta}$ pour la porter dans l'équation (17), on obtiendra

$$(18) \qquad \mathcal{L}(U) = -\frac{1}{l'}\frac{d\eta}{d\varepsilon}\frac{d\,\dfrac{u'}{l'}}{d\eta}.$$

« Désignant par $\varphi(\eta)$ une fonction arbitraire, nous poserons

$$(19) \qquad u' = -l'\int l'\frac{d\varepsilon}{d\eta}\,\mathcal{L}(\varphi)\,d\eta,$$

et, si l'on fait

$$U = U_1 + \varphi(\eta),$$

l'équation (18) se réduit à

$$(20) \qquad \mathcal{L}(U)_1 = 0.$$

Cette équation devient intégrable, si on la multiplie par le facteur $2\left(\dfrac{d^2U_1}{d\eta^2} + U\right)$, et l'on obtient, en intégrant,

$$(21) \qquad \left(\frac{1}{l'^2} - 1\right)\left(\frac{d\eta}{d\varepsilon}\right)^2\left(\frac{d^2U_1}{d\eta^2} + U_1\right)^2 - \left(\frac{dU_1}{d\eta}\right)^2 - U^2_1 = \text{constante}.$$

« Nous pouvons supposer la constante nulle, car il suffit pour notre objet que l'expression de U_1 renferme deux constantes arbitraires ; alors si l'on désigne par A une constante arbitraire, par η_0 une valeur initiale quelconque de η, par e la base des logarithmes népériens, et que l'on pose

$$U_1 = Ae^{\displaystyle\int_{\eta_0}^{\eta}\frac{U^2_2 - 1}{2U_2}d\eta},$$

l'équation (21) devient

$$(22) \qquad \frac{dU_2}{d\eta} + \frac{U^2_2 + 1}{2} = \frac{\dfrac{d\varepsilon}{d\eta}}{\sqrt{\dfrac{1}{l'^2} - 1}}\,U_2.$$

« Désignons par $\psi(\eta)$ une fonction arbitraire, par $\psi'(\eta)$ la dérivée de cette fonction, et déterminons l' par l'équation

$$(23) \qquad \psi'(\eta) + \frac{\psi^2(\eta) + 1}{2} = \frac{\dfrac{d\varepsilon}{d\eta}}{\sqrt{\dfrac{1}{l'^2} - 1}} \, \psi(\eta);$$

posons aussi

$$U_2 = \frac{1}{U_3} + \psi(\eta),$$

l'équation (22) devient

$$\frac{dU_3}{d\eta} - \frac{\psi^2 - 2\psi' - 1}{2\psi} U_3 - \frac{1}{2} = 0.$$

Cette équation (24) est linéaire et l'on en tire immédiatement

$$U_3 = e^{\displaystyle\int_{\eta_0}^{\eta} \frac{\psi^2 - 2\psi' - 1}{2\psi} d\eta} \left[B + \frac{1}{2}\int_{\eta_0}^{\eta} e^{\displaystyle -\int_{\eta_0}^{\eta} \frac{\psi^2 - 2\psi' - 1}{2\psi} d\eta}\, d\eta \right],$$

B étant une constante arbitraire.

« On obtiendra donc ainsi sans difficulté une valeur de U renfermant deux constantes arbitraires A et B; la valeur de U étant connue, l'équation (16) donnera v_1, et on aura ensuite x_1, y_1, z_1 au moyen des équations (12), (14) et (15).

« Si l'on pose

$$\frac{\cos \lambda}{t} = \frac{\cos \mu}{f(t)} = \frac{\cos \nu}{1},$$

on pourra exprimer immédiatement les angles λ, μ, ν; ξ, υ, ζ; α, β, γ; η et ε en fonction du paramètre t et de la fonction arbitraire $f(t)$; si l'on met ensuite $\Phi(t)$ et $\Psi(t)$ au lieu de $\varphi(\eta)$ et $\psi(\eta)$, et que l'on désigne enfin la quantité r par $F(t)$, toutes les quantités qui figurent dans nos équations pourront s'exprimer facilement au moyen du paramètre t et des quatre fonctions arbitraires $f(t)$, $F(t)$, $\Phi(t)$, $\Psi(t)$. Le problème que nous nous étions proposé se trouve donc résolu dans toute sa généralité. Il reste nombre de détails à examiner; je les étudierai ailleurs.

« Il faut remarquer un cas particulier qui, par sa nature, se distingue essentiellement du cas général; je veux parler du cas de $r = 0$. En changeant l en $l\sqrt{-1}$, les équations (1) et (2) deviennent

$$(x-a)^2 + (y-b)^2 + (z-c)^2 = l^2$$
$$-p(x-a) - q(y-b) + (z-c) = l\sqrt{1+p^2+q^2};$$

en éliminant l, il vient

$$[(x-a) + p(z-c)]^2 + [(y-b) + q(z-c)]^2 + [q(x-a) - p(y-b)]^2 = 0,$$

et pour obtenir une surface réelle, il faut que l'on ait

$$x - a + p(z-c) = 0, \quad (y-b) + q(z-c) = 0.$$

« Si donc M désigne l'expression $(x-a)^2 + (y-b)^2 + (z-c)^2 - l^2$, on aura $\dfrac{dM}{dl} = 0$, et notre surface, qui est alors représentée par les équations

$$M = 0, \quad \frac{dM}{dl} = 0,$$

sera l'enveloppe d'une sphère mobile et variable de grandeur. Les lignes de courbure sphériques sont ici des circonférences.

« Si le cas de $r = 0$ échappe à notre analyse, les surfaces à lignes de courbure circulaires n'en sont pas moins données par notre méthode générale. Ces surfaces correspondent effectivement à l'intégrale complète de l'équation (2) qui nous a servi de point de départ; je dois même ajouter que c'est par la considération *à priori* des surfaces à lignes de courbure circulaires que j'ai été conduit à l'intégrale complète dont il s'agit. »

§ V.

Sur les surfaces dont les lignes de l'une des courbures sont planes.

« Au moyen de la transformation dite *par rayons vecteurs réciproques*, on passe immédiatement des surfaces dont les lignes de l'une des courbures sont sphériques aux surfaces dont les lignes de l'une des courbures sont planes [*]. La

---

[*] Il suffit effectivement de supposer que les sphères qui contiennent les lignes de courbure passent toutes par un même point, et de prendre ce point pour centre de transformation.

recherche de ces dernières surfaces, déjà faite par **M. Ossian Bonnet**, est donc comprise implicitement dans ce qui précède; mais il n'est pas sans intérêt de remarquer que cette recherche se ramène immédiatement à l'intégration des équations (13) du paragraphe précédent. Effectivement, x, y, z désignant des coordonnées rectangulaires; α, β, γ, u, l des fonctions d'un paramètre t, si l'on pose $dz = pdx + qdy$, l'équation différentielle des surfaces dont il s'agit sera le résultat de l'élimination du paramètre t entre les équations

$$(1) \qquad x\cos\alpha + y\cos\beta + z\cos\gamma = u,$$

$$(2) \qquad -p\cos\alpha - q\cos\beta + \cos\gamma = l\sqrt{1 + p^2 + q^2}.$$

« Soient x_1, y_1, z_1, v_1 quatre fonctions inconnues de t, assujetties à vérifier les équations

$$(3) \qquad x_1\cos\alpha + y_1\cos\beta + z_1\cos\gamma = lv_1 + u,$$

$$(4) \qquad \frac{dx_1}{\cos\alpha} = \frac{dy_1}{\cos\beta} = \frac{dz_1}{\cos\gamma} = \frac{dv_1}{l},$$

et posons

$$V = (x - x_1)^2 + (y - y_1)^2 + (z - z_1)^2 - v_1^2;$$

l'équation $V = 0$ satisfera à l'équation (2) et elle en sera une intégrale complète si les valeurs de x_1, y_1, z_1, v_1 tirées des équations (3) et (4) renferment dans leurs expressions deux constantes arbitraires. Le problème est donc ramené à l'intégration des équations (4), intégration qui se trouve effectuée dans le précédent paragraphe (*). »

(*) Ce mémoire a été lu en 1856 à l'Académie des sciences (Voir les *Comptes rendus des séances.*)

TABLE DES MATIÈRES.

Pages.

I. De la sphère tangente à quatre sphères données.   2

II. Sur la surface réglée dont les rayons de courbure principaux sont égaux et dirigés en
sens contraires.   13

III. Sur la moindre surface comprise entre des lignes droites données non situées sur le
même plan.   19

IV. Mémoire sur les surfaces dont toutes les lignes de courbure sont planes ou sphériques.   23

  1re partie. Des surfaces dont toutes les lignes de courbure sont planes.   24

  2e partie. Des surfaces dont les lignes de courbure sont planes dans un système
  et sphériques dans l'autre   37

  3e partie. Des surfaces dont toutes les lignes de courbure sont sphériques. . . .   60

V. Mémoire sur les surfaces dont les lignes de l'une des courbures sont planes ou sphériques.   72

Paris. — Imprimé par E. Thunot et Cᵉ, rue Racine, 26.

www.ingramcontent.com/pod-product-compliance
Lightning Source LLC
LaVergne TN
LVHW052158050726